青海高原高寒木里矿区生态环境修复治理图解

王 佟 王海宁 潘树仁 等◎编著

北 京

《青海高原高寒木里矿区生态环境修复治理图解》

编委会

顾　　问： 彭苏萍　武　强　王双明

主　　任： 赵　平

副主任： 王海宁　潘树仁　王　佟

委　　员： 郭晋宁　张强骅　林中湘　武岳彪　刘永彬　蒋向明
赖百炼　蔡卫明　尚红林　占传忠　谭克龙　张德高
张谷春　吴军虎　王明宏　刘金森　田　力

编写组

主　　编： 王　佟

副主编： 王海宁　潘树仁　李聪聪

编　　委： 闫　华　徐楼英　李永红　谢色新　王　辉　刘国新　李云涛
夏　恩　杨　创　仙麦龙　杨庆祝　廖　瑛　申　怡　江晓光
胡智峰　李　飞　宁康超　毕洪波　金　钢　王言帅　文怀军
梁振新　王伟超　王永全　孙振洋　许　超　任虎俊　候忠华
梁峰伟　熊　涛　李永军　梁俊安　胡　航　辛　顺　蒋　喆
方惠明　孙　杰　杜　斌　徐　辉　赵一青　王英坡　刘　帅
李　津

序言

Preface

序　言

黄河流域是我国重要的经济地带，生态保护和高质量发展是事关中华民族伟大复兴的千秋大计。习近平总书记对黄河流域的生态环境与经济发展提出要坚持绿水青山就是金山银山的理念，坚持生态优先、绿色发展，以水而定、量水而行，因地制宜、分类施策，上下游、干支流、左右岸统筹谋划，共同抓好大保护，协同推进大治理，着力加强生态保护治理、保障黄河长治久安、促进全流域高质量发展、改善人民群众生活、保护传承弘扬黄河文化，让黄河成为造福人民的幸福河。

黄河流域上游地区分布着20余个煤矿区，煤炭开发对地表环境和生态、地表水以及地下水资源产生了严重影响，成为黄河流域生态环境最严重的人为干扰因素。其中处于黄河上游重要支流大通河发源地的青海省木里矿区，海拔3800~4200m，高原高寒草甸发育，这里背靠祁连山国家公园，是祁连山水源涵养地和生态屏障的重要组成部分，生态地位极其重要。因煤炭资源的过度开发对本来就很脆弱的高原高寒草甸生态系统和环境造成破坏，对祁连山生态安全屏障、水源涵养能力、土壤保持及生物多样性保护功能造成严重毁坏，加剧了祁连山木里矿区高原高寒草甸生态环境急剧退化和水土流失，严重影响了水源涵养和生态屏障区的生态功能。

保护好青海生态环境，是“国之大者”。青海最大的价值在生态、最大的责任在生态，最大的潜力也在生态。2020年8月习近平总书记亲自批示开展青海木里矿区生态环境整治，青海省紧急启动了《木里矿区以及祁连山南麓青海片区生态环境综合整治三年行动方案》（2020—2023年），开始了木里矿区生态环境综合整治工作。中国煤炭地质总局作为国内具有核心竞争力的生态修复技术单位，迅速组织包括遥感、地质、水文、采矿、生态等各个学科为一体的综合性专家团队，对木里矿区采矿活动开展了现场勘查及调研论证，提出了“一坑一策、渣土回填、边坡稳定、水系连通、湿地再造、资源保护”的生态环境综合治理思路，开展了木里矿区的采坑、渣山治理和覆土复绿系列治理工程，取得了良好的治理效果，得到了青海省委、省政府和社会有关方面的认可。

木里矿区生态环境脆弱，地质条件复杂，煤矿开采引起的九大生态环境问题相互交织，成为国内外规模与难度最大、涉及学科问题多、工期要求紧急且无借鉴先例的高原高寒生态脆弱区修复治理工程。中国煤炭地质总局王佟首席负责了木里矿区生态环境治理全过程的技术工作，带领技术团队创新性地采用地质手段解决生态环境修复治理问题的思路，将实验室搬上高原大地，开展了多学科交叉的科技攻关研究，形成了适合高原高寒地区生态环境修复治理和资源保护的系列关键技术，在木里矿区生态整治工程中取得了良好的应用效果，为黄河上游高原高寒生态脆弱地区生态环境修复和资源保护提供了重要的技术借鉴，对推动黄河流域生态保护和高质量发展具有重要意义。

王佟等同志编著了《青海高原高寒木里矿区生态环境修复治理图解》一书，对这一工程中的每一个环节摄像记录，并配详细的解说文字，将木里矿区煤炭开发引起的破坏、治理过程，取得的效果，特别是将“煤炭地质学+生态学”的关键治理技术工程活动通过一幅幅图片详细展示，具有很强的视觉冲击力。相信该书的出版对促进我国黄河流域生态环境保护，对高原高寒地区生态环境修复与煤炭资源保护将起到积极的推动和指导作用；同时本项研究成果的出版，对于从事煤炭地质、煤矿开发和矿山生态环境保护的工程技术人员，地矿类和生态类等高等院校师生和科研人员具有重要的赏阅和参考应用价值。

中国工程院院士

彭苏萍

2021年10月8日于北京

自序

自　序

为深入贯彻习近平生态文明思想和对青海工作的重要讲话、指示批示精神，坚持绿水青山就是金山银山理念，紧扣青海最大的价值在生态，最大的责任在生态，最大的潜力也在生态的省情定位，坚决扛起青海生态环境保护政治责任。2020年8月，青海省委、省政府邀请中国煤炭地质总局等单位，采用多专家联手、多学科交叉、多部门协同的方式，通过现场调研、专家咨询、交流讨论等环节，高效地编制了《青海省木里矿区采坑、渣山一体化治理总体规划和方案大纲》。2020年8月31日，青海省委、省政府在木里矿区现场正式召开了木里矿区生态环境整治暨祁连山南麓腹地生态修复启动大会，自此拉开了木里矿区大规模生态修复的序幕，历时303天，于2021年6月30日全面完成覆土复绿阶段的土壤重构和种草复绿任务，进入生态修复管护和监测阶段。

木里矿区位于青海省海西蒙古族藏族自治州天峻县和海北藏族自治州刚察县境内，是青海省最大的煤矿区，也是西北地区重要的炼焦煤资源产地。目前，木里矿区共有12座矿井进行了露天开采，共形成11个露天采坑、19座渣山，采坑总面积为1433.04m²，采坑容积为68242.94万m³（不含采坑积水），渣山总面积为1856.79万m²，渣山总体积为48946.62万m³，采坑、渣山总占地面积达3289.83万m²。开采活动带来了一系列的矿山生态环境问题，致使地貌景观、植被资源、土地资源、水资源、湿地和冻土遭到破坏，水源涵养功能下降，加重沼泽草甸退化和水土流失，影响了黄河上游大通河流域生态环境，因此木里矿区生态环境整治刻不容缓。

木里矿区位于青海高原高寒地区，其生态环境修复治理与其他地区在技术、工艺、施工标准等方面差异很大，要求很高，不仅仅是一个庞大的、复杂的工程施工项目，还有许多特有的技术难题需要加以攻关。我们遵循山水林田湖草是一个生命共同体的理念，实现生态保护优先与节约优先，自然恢复与资源保护有机结合。按照整体规划、总体设计、分期部署、分段实施的思路，针对以往煤矿开发造成的九大生态环境问题，将“煤炭地质学+生态学”领域的关键治理技术运用到“自然恢复+工程治理”之中，以煤炭生态地质勘查理论为指导，将实验室搬上高原大地，综合研究形成了适合高原高寒地区生态环境修复治理的五大关键技术，创造性地建立了两种具有高原高寒特色的生态修复治理模式，最终确定了“一坑一策”的七种治理方法，在木里矿区生态环境综合整治工程中取得了良好的应用效果，解决了世界性的高原高寒矿区生态修复治理的难题，有望建成国内高原高寒地区生态修复样板式工程。此项工程得到了中央纪委检查组，青海省委、省政府的高度肯定和认可。

为进一步提高全社会对祁连山南麓及黄河上游水源涵养区生态环境保护的重视程度，充分展示木里矿区生态环境修复治理成果，技术人员对本次治理工程中的重点影像、照片等资料进行了系统整理，对矿区生态环境修复治理前的生态环境问题调查分析、采坑渣山治理中的工程监管、覆土复绿工作中的土壤重构和种草复绿效果监测等各个环节的施工过程、工作方法、技术流程及治理效果等进行了汇总，编著了《青海高原高寒木里矿区生态环境修复治理图解》一书，以期为青海省生态文明高地建设和类似地区生态环境修复治理提供参考。

本图解总体思路和基本架构由中国煤炭地质总局王佟提出，编著图解的心愿和初心是力求全面展示木里矿区项目治理过程中所有震撼人心的场景和记录每一个拼搏奋战在工程一线的建设者，相关省厅、海西州和相关高校工作人员、专家等催人泪下的工作瞬间，但受编者水平和当时现场拍摄条件的限制，一些很有意义的照片未能入选，这点也使编者一直忐忑不安，希望能得到大家的理解。图解素材主要由中国煤炭地质总局下属中煤地质集团有限公司、广东煤炭地质局、中煤航测遥感局、青海煤炭地质局、水文地质局、江苏煤炭地质局、湖北煤炭地质局、中化地质矿山总局等单位和海西州木里矿区项目现场相关人员提供，由王佟、李聪聪等负责编撰统稿。木里矿区整治项目始终是在青海省委、省政府和青海省海西蒙古族藏族自治州、青海省自然资源厅及青海省林业和草原局的强有力领导下，是全体参战单位和人员共同努力取得的成果。本图解的编撰和出版得到了青海省委、省政府、青海省海西蒙古族藏族自治州、青海省自然资源厅、青海省林业和草原局、青海省生态环境厅、青海省水利厅、青海省科技厅及青海大学等单位相关领导和专家的大力支持。中国工程院彭苏萍院士亲自为本书作序，还得到了青海省自然资源厅杨汝坤等、海西州孟海、阿英德和鲁旦主等、青海省林业和草原局李晓南、王恩光和蔡佩云等、青海省地质矿产勘查开发局张启元等专家方方面面的指导，并提出了很好的意见，在此一并表示感谢。

由于编者水平所限及汇编时间仓促，书中难免存在缺点、错误，恳请广大同行专家与读者批评指正。

Preface

前　言

巍巍祁连，山之尊，水之源，这里是中华民族的一条重要祖脉，也是我国西北地区重要的生态屏障。祁连山南麓木里矿区地处黄河上游重要支流大通河的发源地，是祁连山区域水源涵养地和生态安全屏障的重要组成部分，其水源涵养功能极为重要，在黄河流域生态环境保护和高质量发展中具有重要意义。矿区内多分布着大片冻土和高寒沼泽草甸、高寒草甸，冻土普遍发育，植被抗干扰能力弱，区域生态敏感脆弱，属青藏高原典型的生态脆弱区，具有不稳定性、敏感性、易变性等脆弱性特征，对全球气候变化和人类干预，反应十分敏感，且生态系统质量较低，抗干扰能力较差，一旦遭到破坏，就难以恢复。同时由于该区域属于我国煤炭生态地质恢复治理类型中的高原高寒区，是生态环境修复和资源保护的难点地区。21世纪以来，煤炭无序开发对生态环境的破坏，引起了全社会的高度关注，开展木里矿区环境治理工作刻不容缓，意义重大。

一、项目背景

木里矿区位于青海省海西蒙古族藏族自治州天峻县和海北藏族自治州刚察县境内，是青海省最大的煤矿区，也是西北地区重要的炼焦煤资源产地，由聚乎更区、江仓区、弧山区和哆嗦贡玛区4个矿区组成，其中聚乎更区和江仓区开发强度相对较大，对生态环境扰动和破坏作用明显，影响了黄河上游大通河流域生态环境，对木里矿区进行生态整治刻不容缓。

木里矿区煤炭资源丰富，查明储量33.39×10^8t。20世纪70年代在聚乎更区和江仓区开始小规模开采，20世纪80年代之后江仓区和聚乎更区煤矿开采活动力度加大。2002—2012年，先后有8家相关企业单位进入木里矿区，在各个规划矿区进行了不同规模的开采活动。木里矿区共有12座矿井进行了露天开采，其中，聚乎更区和江仓区开发强度相对较大。木里矿区的煤炭资源露天回采形成了11个露天采坑、19座渣山，采坑总面积为1433.04m^2，采坑容积为68242.94万m^3（不含采坑积水），渣山总面积为1856.79万m^2，渣山总体积为48946.62万m^3，采坑、渣山总占地面积达3289.83万m^2。矿山开发活动强度大，在高寒冻土区特殊背景下，矿区主要突出表现有地形地貌景观被破坏、土地挖损和压占、植被及土壤关键层被破坏、冻土被破坏、水系湿地被破坏与采坑积水、地下含隔水层被破坏、水土流失、边坡失稳、残留煤炭资源9大问题，更深层面反映出的是，木里矿区水源涵养能力、水土保持能力、植被再生能力等生态系统功能的紊乱和退化问题，生态环境保护与资源保护的共赢对策解决问题等。

自2014年起，根据《关于青海祁连山自然保护区和木里矿区生态环境综合整治调研报告》《研究青海省祁连山自然保护区和木里矿区生态环境综合整治有关工作的会议纪要》的重要批示、精神以及青海省委、省政府的相关要求，按照《关于印发木里煤田综合整治工作实施方案的通知》（青政办〔2014〕143号）和《木里煤矿2016年生态环境综合整治工作实施方案》，木里矿区停止了一切建前工程和开采行为，积极开展生态环境综合整治工作。但由于缺乏统一规划和持之以恒的整治，加之自然环境气候限制，生态修复尚未达到预期效果，主要表现为：一是整治对象主要是渣山，未兼顾采坑；二是存在新的挖损，破坏高寒草甸湿地；三是原有渣山出现蠕动变形、滑塌溜滑、淋溶水浸出、不均匀沉降和复绿退化等；四是部分采坑边帮裸露，坑底出现大量积水、边坡失稳、冻融侵蚀和冻融滑塌等；五是回填采坑边坡较陡、坡体松散；六是固体废弃物淋滤水和下雨时水土流失对河水的影响，悬浮物含量较高，对河流水质造成影响。

为深入贯彻习近平生态文明思想和对青海工作的重要讲话、指示批示精神，坚持绿水青山就是金山银山的理念，紧扣青海最大的价值在生态，最大的责任在生态，最大的潜力也在生态的省情定位，坚决扛起青海生态环境保护政治责任，坚决落实青海省委、省政府生态环境保护决策部署，查清现状、分类施策，保障安全、生态优先，突出重点、科学布局，全面落实青海省委、省政府生态环境保护决策部署，高质量完成木里矿区生态环境恢复治理工作。2020年8月，中国煤炭地质总局受青海省自然资源厅委托，采用多专家联手、多学科交叉、多部门协同和现场调研、交流讨论等方式，在很短时间内编制了《青海省木里矿区采坑、渣山一体化治理总体规划和方案大纲》，充分遵循山水林田湖草是一个生命共同体理念，遵循生态系统的整体性和系统性与方案的科学性和可操作性，遵循相关法律法规和技术标准，吸收借鉴国际生态保护修复先进理念与相关标准，按照整体规划、总体设计、分期部署、分段实施的思路，对情形各异的采坑，按照"一坑一策"的原则，分类治理、科学确定生态环境综合整治目标、合理布局项目工程、统筹实施各类工程。

治理工程伊始，国务院国资委党委书记郝鹏对青海木里矿区治理工程提出"干就干好"，中国煤炭地质总局党委书记赵平明确"木里生态环境治理就是一场科技战"。中国煤炭地质总局迅速调集下属中煤地质集团有限公司、中化地质矿山总局、江苏煤炭地质局、广东煤炭地质局、湖北煤炭地质局、青海煤炭地质局、水文地质局、中煤航测遥感局、勘查研究总院、江苏地质矿产设计研究院等多家专业单位的精兵强将投入会战，依靠科技创新，提出了通过地质手段实施地貌重塑、土壤重构、植被恢复和保护保育等工程技术措施对木里矿区采坑、渣山等进行一体化的整治和修复的技术路线，实现景观协调、生态修复、资源保护、水源涵养等生态功能提升，筑牢国家西部生态安全屏障，打造高原高寒生态综合治理样板工程。

青海木里矿区生态整治项目是目前我国在高原、高寒、高海拔地区开展的大面积矿山治理的首例工程，面临国内外规模最大、涉及学科问题多、地质条件复杂、工期要求急的世界性超难问题。一方面要通过地形地貌环境修复与重塑实现生态环境的问题治理，另一方面还要通过地质手段推动生态系统功能的恢复。在特殊的地域背景、综合系统性和高要求高标准条件下，项目的实施在国内鲜有成功经验和成熟模式可以借鉴，尚未有系统化的高原高寒地区生态环境修复治理体系可供参考，具有很强的探索和试验意义。为此，从项目设计阶段开始，围绕高原高寒冻土区生态修复工程实施中的技术难点研究攻关相应技术措施、方案，梳理、总结系统的治理思路、技术方法、管理经验，提炼科技创新成果，为项目保质保量顺利实施提供技术支持，为掌握高原高寒地区煤炭矿山环境治理的关键核心技术奠定基础，为我国今后在高原高寒地区的生态修复治理工作实施提供指导和借鉴。

二、指导思想

深入贯彻习近平生态文明思想和习近平总书记对青海工作的重要讲话、批示指示精神，全面落实青海省委、省政府生态环境保护决策部署，紧扣“三个最大”省情定位，坚决扛起生态保护政治责任，牢固树立山水林田湖草是一个生命共同体和绿水青山就是金山银山的理念，按照实事求是、问题导向、依法依规、科学精准、集中整治、分类施策的要求，坚持人工修复与自然恢复相结合，统筹推进木里矿区新一轮生态环境综合整治，系统实施木里矿区采坑、渣山一体化修复工程，加快推动生态治理体系和治理能力现代化，全力促进生态系统功能重建，打造高原高寒矿区生态环境修复示范工程，守好筑牢祁连山国家生态安全屏障。

三、治理原则

（一）坚持问题导向和目标导向

在巩固前期渣山治理、湿地保护、植被恢复综合整治取得成效的基础上，针对治理中力度减弱、管理放松等原因产生的渣山生态退化、采坑治理尚未全面开展等突出问题，通过新一轮的集中规模化全方位综合整治，着力实现木里矿区生态系统质量整体改善，生态服务功能显著提升，生态稳定性明显增强，实现矿区生态与周边自然生态环境有机融合，打造高原高寒地区矿山生态环境修复的样板和生态文明建设的高地。

（二）坚持整体规划、综合治理、系统修复

按照山水林田湖草是一个生命共同体的理念推动木里矿区生态环境综合整治。遵循生态系统的整体性、系统性、动态性及其内在规律，修复为主、治理为要，对采坑渣山治理、植被恢复、水环境和水资源以及冻土保护等统筹规划、综合治理，进行一体化修复。

（三）坚持自然恢复和人工修复相结合

把尊重自然、顺应自然、保护自然的理念贯穿于生态环境整治与修复规划、设计、施工和管护维护的全过程，因地制宜采取工程、技术、生物、管理等措施和自然恢复相结合的方式，增强生态修复效果，恢复生态系统的结构和功能。

（四）坚持科学性和经济性相统一

从技术、经济和环保等多方面综合考虑，比较、选择多种治理模式，优化治理方案、工程设计，做到技术先进可靠、经济合理可行，科学谋划整治项目，合理使用整治资金，注重节约，确保整治工作高质量如期完成。

（五）坚持“三边”联动

坚持边施工、边评估、边完善的工作思路，在总结往期整治好经验、好做法的基础上，结合实际，进一步发展完善，及时宣传推广成熟经验和模式，动态优化调整完善治理方案、设计方案和技术措施，实事求是地解决突出环境问题，确保按时、保质完成木里矿区生态环境综合整治各项任务。

四、目标任务

（一）总体目标

按照青海省政府制定的《木里矿区以及祁连山南麓青海片区生态环境综合整治三年行动方案》（2020—2023年）要求，完成聚乎更区和哆嗦贡玛区工程地质与环境地质勘查、7个矿坑和12座渣山的采坑整治、渣山整形、湿地恢复、土壤重构、植被复绿等，争取实现治理景观与周边自然景观相协调，最大限度地恢复矿区生态系统，保护区内自然资源，尽最大可能恢复原有生态系统功能。

（二）总体任务

在评估矿区生态环境和地质环境现状基础上，聚焦针对采坑未回填、渣山和边坡不稳定、复绿植被退化等主要问题，实施采坑、渣山一体化治理、整治区植被恢复、水环境和水资源保护、矿区生产生活环境综合整治工程，建设“空天地”一体化综合遥感监测信息系统，加强保护、修复、治理技术研究支撑，健全监督指导、运行管护、成效评估长效机制，促进木里矿区生态功能恢复。

1.开展综合勘查工作，为治理工程提供依据

在收集整理分析以往相关资料的基础上，通过综合遥感技术、精细地表调查、物探和钻探技术、施工过程中的综合地质编录、采样化验及综合分析，查明聚乎更矿区的地质环境现状和存在的主要问题，因地制宜地提出切实可行的生态环境综合整治建议，为矿区生态环境综合整治总体规划和各井田采坑、渣山一体化治理工程设计，提供科学、充分的地质依据。

2.实施采坑、渣山一体化治理工程

根据生态环境现状评估结果，木里矿区采坑、渣山为生态环境破坏最为严重的区域，也是生态环境综合整治最为关键的任务。针对采坑未回填、渣山和边坡不稳定、复绿植被退化等问题，按照总体规划、分别设计、平行施工的总体思路，精细化制订生态保护修复方案，实施采坑回填、边坡治理、渣山整治等“一坑一策”工程措施，为植被复绿、环境整治创造条件。坚持边施工、边调整的原则，动态优化治理方案，科学确定工程布局，按时间节点完成整治任务，基本实现区域生态系统的安全稳定，努力实现与自然景观协调一致。

3.实施治理区植被恢复

植被恢复是生态环境综合整治的重要措施，是实现高原高寒草甸生态系统土壤保持、防风固沙、水源涵养、生物多样性等服务功能维持及提升的基础。木里矿区生态脆弱，植被恢复困难且自然演替慢，靠自然难以恢复原生态。要优选适宜草种，采用“混播+施肥+无纺布覆盖”等试验成功的治理模式，对尚未治理和削坡整治的渣山以及整治后的采坑边坡、无积水采坑进行植被恢复。针对已治理区出现不同程度的退化，进行植被恢复和巩固提升，加强种植和围栏封育等后期管护，持续做好植被恢复后的监测与科研跟踪，促进人工植被逐步向自然植被演替，恢复区内原生植被群落和覆盖度，提升生态系统重要服务功能。

4.实施水环境和水资源保护

木里矿区地处黄河支流大通河的发源地，是祁连山地区重要的水源涵养区，矿区分布大片冻土、高寒沼泽和高寒草甸植被，水生态环境敏感。环境监测表明，江仓河和哆嗦河为Ⅰ类水质，为确保水质不降低、水量不减少，实施渣山水土保持、矿区人工水系构建和截排水建设，防止矿区积水在水质不达标的情况下直接外流。开展湿地再造及缓冲带建设等工程，提高水体净化能力，提升水源涵养功能。定期对地表水、地下水水质进行监测和评价，持续做好矿区水资源保护、水生态修复。

5.实施矿区周边环境综合整治

综合整治过程中，要充分利用现有房屋、道路、场地等设施，最大限度减少新的破坏。按照矿区综合整治工作时序，对工业场地、生活区、矿区道路、炸药库等地面建（构）筑物有序拆除清理，并开展地貌重塑、植被复绿等综合整治工程，实现与矿区周边自然环境和生态系统相融合。

6.建立长效监测监管机制

利用卫星遥感、无人机和移动采集终端等监测手段，持续监测评估，对治理前、治理中、治理后全过程开展动态监测，定期组织开展生态环境综合治理成效评估核查。对木里矿区实行整体封闭管理，对种草恢复植被区实施围栏封育，根据实际情况科学合理确定禁牧期，促进植被生长。加强木里矿区退化草地治理、林草病虫（鼠）害防治等工作，巩固生态环境综合整治成果，逐步构建稳定植物群落，实现矿区生态与自然环境相融合。

7.加强科技支撑

生态环境综合整治过程中，要加强对生态保护修复技术的研究，加强对冻土保护、边坡稳定、土壤结构等综合研究，提高矿区生态环境修复治理的科学性和精准性。后期管护过程中，建立长期监测观测站点，加强对生态系统、水环境变化的研究，确保区域生态环境持续向好发展。

五、 总体治理思路

遵循山水林田湖草是一个生命共同体理念，以“技术可靠、经济合理、景观融合、贴近自然”为出发点，基于现场调查成果和工程、水文地质条件，根据矿区生态地质特征和开采现状，按照“‘一坑一策’、水源涵养、冻土保护、生态恢复、资源储备、分区管控、依法依规、经济合理、创新支撑、实现生态保护优先与节约优先，自然恢复与资源保护有机结合”和“煤炭地质学+生态学”“自然恢复+工程治理”的综合治理思路，围绕提升生态系统服务功能、遏制生态系统退化、规范地形地貌、防范生态环境风险、加强技术支撑及提升监管能力和水平，因地制宜，“一坑一策”，建立“三工程一保障”综合治理体系，即采坑整治、边坡与渣山治理和保留采坑积水形成的高原湖泊或水系修复重塑三类工程措施，以及长效监测监管机制，加强木里矿区生态环境的保护、治理、监督与管控，尽最大可能恢复原有生态系统功能，打造高原高寒地区矿山生态环境修复示范工程。

木里矿区生态综合整治工程实施过程中，坚持“尊重规律、实事求是，注重科学、质量第一”的原则，重视科学研究工作。在中国煤炭地质总局同步下达“高原高寒地区煤炭生态地质勘查与矿山生态修复技术研究”科研专项后，我们致力于探索在高原高寒地区进行生态环境修复和改善的有效路径和关键技术，采用天、地、空、时一体化遥感监测体系，对生态环境修复治理进行全方位动态监测，高效经济地解决了生态修复成效评估等多元化问题，确保整治不反弹，长效有机制。

六、工程整治

木里矿区综合整治工作面临时间要求紧、目标任务要求高、工作任务重，涉及学科专业要求多、生态环境因素复杂等问题。为确保修复治理工作的安全高效开展，项目执行中遵守“坚持整治效果最优、动用工程量最小、边实施、边评估、边整改”的治理原则，通过千百次的技术研究，不断优化方案，取得了一项项的创新成果，实现了高危滑坡体成功降高减载，除险固稳和安全施工，针对具体的生态环境问题进行深入研究分析，充分发挥高原煤矿区生态环境修复关键技术作用，以工程揭露助力研究深度，以深入研究、优化方案促进工程治理进度，提升工程质量。

木里矿区生态整治工作于2020年8月31日开始施工，第一阶段治理工程主要是采坑部分回填、边坡与渣山整治及地表水系连通等施工任务，综合整治工程中按照集约化管理、大兵团会战的模式，短时间内组织多个二级省勘探局、专业局的力量，高效协作，不讲条件，不计报酬，周密组织，统一行动，克服木里矿区冬季零下20多摄氏度施工的极限条件，在治理工程开展过程中通过测量工程、压实度检测、边坡监测等工作保障了治理工程的质量，改善了地貌景观，动用渣土施工工程量仅为原采矿产生的总渣土的10%，达到了与自然地貌景观和谐的效果。累计投入各类管理人员600余人，施工人员5000余人，各类机械设备4000余台（套），各类监测设备30余台（套），千余台机器设备高效运转，日夜奋战，于2020年12月30日完成了第一阶段采坑、渣山治理任务目标，为第二阶段覆土复绿工作创造了良好的基础条件。

第二阶段覆土复绿工程于2021年2月23日开始，对采坑、渣山及边坡进行覆土复绿，首先通过土壤基质检验测试、测土配方、出苗实验等工作保障了覆土复绿工程质量。施工中克服复绿工作窗口时间紧、天气恶劣（雨雪冰雹，一天四季）、技术难度大等重重困难和挑战，精心组织，统一标准“七步法”作业，争分夺秒抢在窗口期内（2021年6月30日前）全面完成了土壤重构和种草复绿工作。累计投入管理与技术人员160余名，施工人员1500余名，各类机械设备600余台（套），完成种草复绿总面积20807亩。

技术人员将理论与工程实践相结合，将实验室搬上高原大地，开展了大量的生态环境背景测试，模拟自然植被生长条件，选取两个不同海拔标高的试验场地开展渣土改良和植被修复试验，分别选取不同采样地的18组土源样，按照不同渣土厚度和分层厚度，选取多种比例的有机肥、羊板粪和牧草专用肥，分区分类播撒种子，累计完成了36组1582例试验，采集了大量的基础试验数据，经过分析对比，确定了最佳土壤改良和植被恢复方案，科学指导了现场覆土复绿工程的开展，为植被重建和生态恢复奠定了良好的基础。

通过两个阶段300多个日日夜夜的奋战，共完成治理60多平方公里，提前实现了青海省委、省政府“两年见绿出形象”的目标，治理工程通过了青海省组织的验收，受到了高度赞誉。

青海省主要负责人为木里矿区生态环境综合整治工作领导小组的成员，领导小组下设办公室，办公室设在青海省自然资源厅，为木里矿区综合整治工作整体推进提供了组织保障。

项目承担单位成立相应的组织项目施工领导小组与项目现场管理指挥部，下设项目技术组办公室、项目管理办公室、工程造价核算办公室、安全质量办公室、招标管理办公室以及综合办公室，全面保障项目顺利完成。

七、主要创新点

木里矿区位于海拔4200m的高原高寒地区，生态环境脆弱，地质条件复杂，煤矿开发造成的九大生态环境问题相互交织，开展生态环境治理修复工作难度巨大。木里高原高寒煤矿区生态修复涉及冻土、水资源、草甸湿地、土壤、植被、生态环境及煤炭资源勘查开发与保护等多方面的科学问题，难度较大。木里矿区生态恢复是目前我国在高原高寒高海拔地区开展的大面积矿山治理的首例示范性工程，国内外鲜有成功经验和成熟模式可借鉴，具有很强的科学探索和试验意义。在开展木里矿区生态环境综合治理工作的过程中，遵循山水林田湖草是一个生命共同体的理念，首次从煤炭生态地质勘查角度，针对矿区生态环境与资源的破坏和扰动，创新性地开展针对性的关键技术研究，科学建立了适合高原高寒地区煤矿山生态环境修复治理体系，形成了适合高原高寒地区生态环境修复治理的五大关键技术和两种生态环境修复治理模式，解决了世界首例高原高寒生态修复治理难题。中国煤炭地质总局专家在治理过程中充分遵循山水林田湖草是一个生命共同体理念，按照人工修复为自然恢复创造条件的原则，采用“一坑一策”治理思路，开展多学科交叉问题的攻关研究，形成了适合高原高寒地区生态环境修复治理的一系列关键创新技术。

创新点一：将煤炭地质学与生态学理论相结合，科学建立了适合高原高寒地区煤矿山生态环境修复治理体系。

运用煤炭生态地质勘查理论，根据问题导向、科学精准、集中整治、分类施策的要求，遵循山水林田湖草是一个生命共同体的理念，按照“技术科学可靠、经济合理可行、保持地质环境稳定、与周边地貌景观融合、努力更加贴近自然”的宗旨，在综合考虑各采坑、渣山的规模及稳定程度，存在的生态环境问题等因素基础上提出“一坑一策”方案，按照总体规划、不同采坑和渣山分别设计、平行施工、分类因地因势差别化治理的总体思路，有针对性地运用采坑回填、边坡与渣山整治、土壤重构、植被复绿、水系自然连通、煤炭资源保护等技术措施，实现采坑、渣山一体化治理与自然地貌景观相协调。

创新点二：针对以往煤矿开发造成的九大生态环境问题，以煤炭生态地质勘查理论为指导，综合研究并形成了适合高原高寒地区生态环境修复治理的五大关键技术，解决了世界首例高原高寒生态修复治理难题。

1.生态地质层再造技术

结合青藏高原高寒冻土区现状，就地取材，因地制宜，将生态学与煤炭地质学结合，研究探索并提出了“生态地质层理论”的概念，尝试建立“生态地质层理论”，分析了地质关键层段破坏对生态环境的影响，架构了生态环境修复治理理念，提出了生态地质层构建再造与修复技术。首次采用模拟关键地质层的生态化方法，针对高原高寒区土壤基质层、含水层、冻土层、煤层盖层提出了具体的修复要求，恢复其原有生态功能，既保护了煤炭资源，又减少了对矿区周边生态的污染，在高原高寒生态脆弱区达到了良好的使用效果，填补了高原高寒冻土区生态环境修复治理国内研究的空白。

2.水系连通技术

采取一系列的工程措施对道路、渣山等障碍物的改造和土壤重构，使相互阻断的水系、草甸、人工复绿草地之间，通过雨水、土壤中水渗流、植物之间根系的传输等方式，实现湿地之间及湿地中的无阻隔逐步连通。包括四种空间维度的水系连通，分别是宏观尺度的河流与河流、河流与湖泊之间的连通，中观尺度的河流、湖泊与湿地的连通，细观尺度湿地内部的连通以及微观尺度的空隙与植物根系之间的水系传输。

3.采坑、渣山依形就势地形地貌重塑技术

采坑、渣山的地形地貌综合治理是覆土复绿的前提，是生态环境恢复治理的核心工程之一。稳定的地形地貌是土壤改良和植被复绿的基础。在矿山生态环境修复中，充分结合采矿形成的地形地貌条件，对杂乱无序的采坑及渣堆随坡就势，削高填低，保持与原始地形地貌景观协调。采坑、渣山地形地貌重塑技术包括：高危渣山降高减载和边坡减坡、积水采坑整治形成高原湖泊、梯田台阶再造和引水代填与引水归流四种技术。

高危渣山降高减载和边坡减坡：对采坑上部台阶清坡、渣山削坡整形、碾压，改造为稳定种床，消除浮石和崩塌等灾害。

积水采坑整治形成高原湖泊：对积水坑周围渣山降高减载,对边坡削坡整形；将积水坑与河流、湖泊连通形成河湖交错一体的高原景观。

梯田台阶再造：保持原有坡型不变，将采坑渣石边坡按照台阶式坡型整治。

引水代填与引水归流：是高原高寒地区生态修复的特殊治理方法，通过人工分流措施将地表水体引入废弃矿坑，以水代替渣土对采坑回填，形成高原湖泊，或实现水系连通。

4.土壤重构及植被恢复技术

鉴于当地客土资源不足且成本高，当地土壤主要由基岩面上风化形成的粒质、碎屑、砂质、黏土及有机质构成。通过上千次的实验、测土、化验和物理模拟配比出一定粒度的渣土、羊板粪、有机质作为土壤重构的替代物，实现物质成分相似、化学结构相近的重构土壤。结合木里矿区实际，创新性地提出矿坑、渣山土壤重构、植被复绿的关键技术模式，为削坡+有机肥+泥页岩+混播+无纺布覆盖。

5.不同时段边坡稳定性监测技术

通过“空天地”监测数据融合，对高危渣山变形、治理关键环节和植被修复等情况进行动态监测。针对矿区内冻胀融沉作用下产生的不稳定边坡，综合采用InSAR技术、物探、钻探及地质调查等技术，通过空、天、地、时一体化多源数据和多手段监测，全面识别、监测和评估区内渣山边坡的稳定性，全面查清了边坡稳定性的影响因素，采用多期多源遥感监测技术对治理工程进行系统监测，保障生态修复治理的安全。

创新点三：建立了两种具有高原高寒特色的生态修复治理模式，系统总结出了七种适合高原高寒地区生态修复治理的技术方法。

根据木里矿区生态环境现状和背景条件分析，针对不同的矿山环境问题采用不同的治理技术，综合运用修复治理关键技术，系统对采坑、渣山治理、植被恢复、水环境和资源保护等进行统筹分析，创新性地建立了两种修复治理模式：采坑、渣山依形就势重塑+地质关键层再造+土壤重构+植被恢复（聚乎更区五号井、七号井东坑、九号井和哆嗦贡玛区）；采坑、渣山依形就势重塑+地质关键层再造+水系连通+土壤重构+植被恢复（聚乎更区三号井、四号井、七号井西坑和八号井）。

通过与各井渣山边坡稳定程度、水系传输与采坑积水情况、资源赋存状态等相结合，最终形成“一坑一策”的七种修复治理方法：①高危渣山降高减载和边坡减坡+关键层再造+土壤重构+植被恢复+引水代填（聚乎更区三号井）；②高危渣山降高减载和边坡减坡+关键层再造+土壤重构+植被恢复+积水采坑整治形成高原湖泊（聚乎更区四号井）；③高危渣山降高减载和边坡减坡+梯田台阶再造+关键层再造+土壤重构+植被恢复（聚乎更区五号井）；④高危渣山降高减载和边坡减坡+关键层再造+土壤重构+植被恢复+积水采坑整治形成高原湖泊（聚乎更区七号井）；⑤高危渣山降高减载和边坡减坡+关键层再造+土壤重构+植被恢复+积水采坑整治形成高原湖泊（聚乎更区八号井）；⑥高危渣山降高减载和边坡减坡+关键层再造+土壤重构+植被恢复（聚乎更区九号井）；⑦高危渣山降高减载和边坡减坡+关键层再造+土壤重构+植被恢复（哆嗦贡玛区）。

创新点四：构建了“空、天、地、时”高原高寒地区生态地质勘查与修复治理监测体系。

利用卫星遥感、低空无人机遥感和信息化相结合的技术，充分发挥InSAR技术、热红外和三维遥感的技术特点，结合常规的地质调查、物探、钻探等手段，因地制宜，建立了木里矿区矿山环境修复治理监测技术体系。从矿区生态环境修复治理前的勘查设计阶段矿山环境问题调查分析、地形地貌整治中的工程监管、覆土复绿工作中的土壤重构和复绿效果监测，最终到后期管护阶段，对修复效果的稳定性和持久性进行跟踪监管，对矿山环境修复治理全过程进行综合监测，有力支撑了木里矿区生态环境恢复治理工程，为高原高寒生态脆弱地区矿山环境治理工作部署和工程监测提供了有效的技术参考。

八、展 望

2021年6月30日第二阶段土壤重构与种草复绿主体目标任务的完成，标志着木里矿区生态综合整治工程现场大规模施工已圆满结束，工程将转入第三阶段生态恢复治理效果管护提升和适应性监测阶段。

木里矿区生态整治项目得到了青海省委省政府、海西州委州政府的正确领导和有关部门的大力支持，也得到了青海省、海西州木里矿区生态环境综合整治工作现场指挥部、各驻坑单位和业主代表的全力支持。同时项目设计方案、治理理念及施工过程得到了彭苏萍院士、蔡美峰院士、武强院士、王双明院士、冯起院士和俄罗斯工程院潘彤院士等国内外专家的支持，也得到了青海省自然资源厅、生态环境厅、水利厅、财政厅、林业和草原局、青海大学、中科院西北高原生物研究所等专家的指导，项目总包单位集各位专家的智慧，顺利完成了治理阶段的工作任务，为打造青海生态文明建设新高地奠定了坚实的基础。

榮譽證書

【HONOR CERTIFICATE】 JZ-DZXH2022-D09-01

中国煤炭地质总局：

你单位完成的“高原高寒地区煤炭生态地质勘查与矿山环境修复关键技术”项目荣获中国地质学会 2021 年度十大地质科技进展。

特发此证。

中国地质学会

2022 年 3 月 2 日

木里矿区生态综合整治项目创造了高原高寒矿区生态环境修复治理的奇迹，开拓了煤炭生态地质勘查工作的新领域。工程被评为2020年国土空间生态修复十件大事之一，荣获中国地质学会2021年度十大地质科技进展，被评选为煤矿全产业链上的“黑科技”。今日再回木里矿区已是绿草茵茵，高原湖泊边又见水鸟嬉戏。一度被破坏的高原湿地正生出片片新绿，焕发出新的生机。这为打造高原高寒地区矿山生态环境修复样板打下了坚实的基础。今后我们将坚持遵循自然法则，用实际行动践行绿水青山就是金山银山的习近平生态文明思想，切实保护好世界第三极生态，将继续深入贯彻绿水青山就是金山银山的理念，践行央企责任，积极投身透明地球、数字地球和美丽地球建设，加强科技创新和技术攻关，持续做好木里矿区生态环境的整体提升，筑牢祁连山南麓生态屏障，为全力打造生态文明新高地而不懈努力！

Catalog

目录

1 治理背景

1.1 典型影像图

青海省TM卫星遥感影像图

木里矿区地处青藏高原东北部，黄河一级支流大通河源头湿地生态区，既是青海湖和祁连山水源涵养地，又是我国西部生态安全屏障的重要组成部分，生态地位极其重要。海拔约4000m，多年冻土连续分布，为典型的高原高寒缺氧地区，自然条件非常严酷。高原生态环境脆弱，一旦破坏，很难恢复。

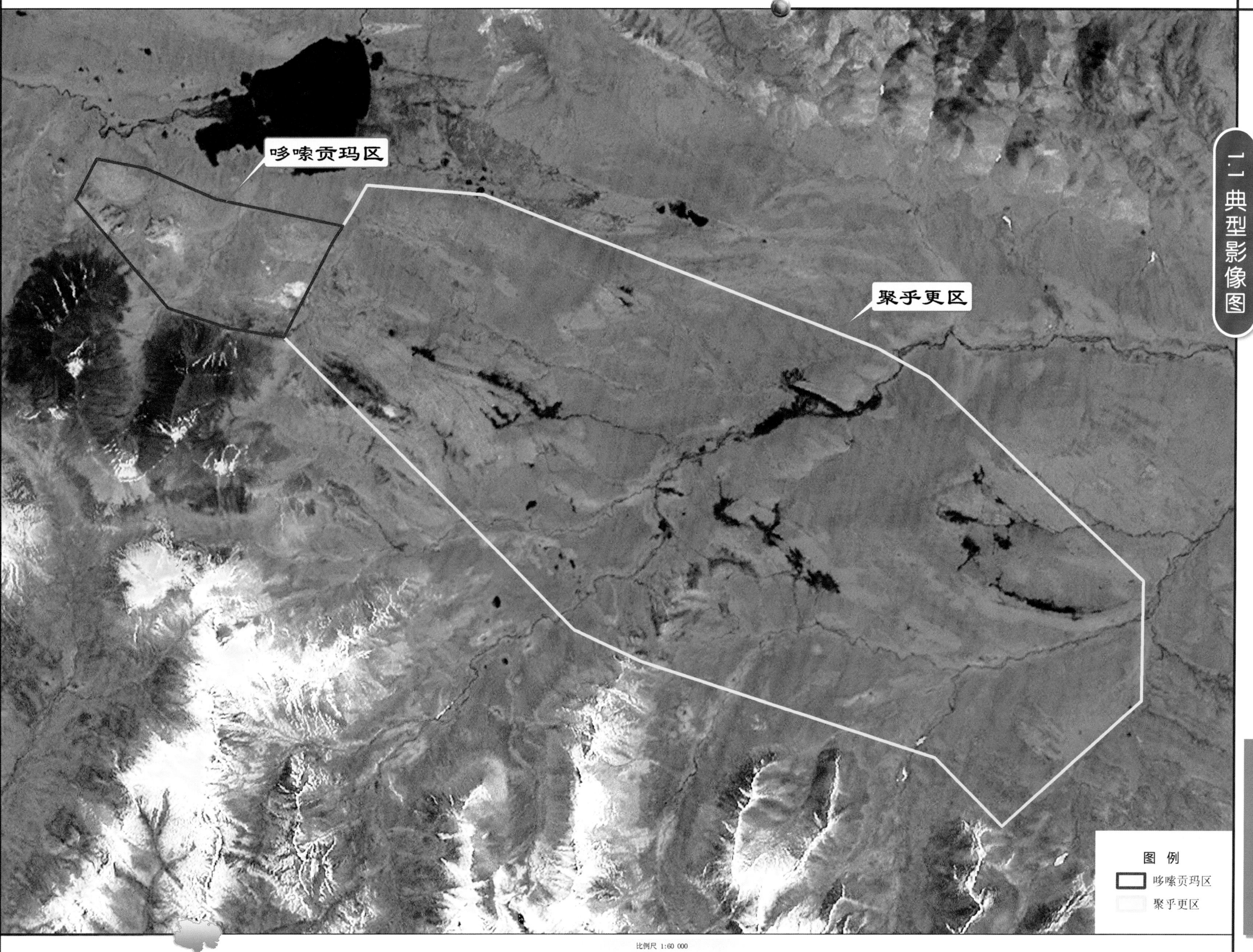

1.1 典型影像图

木里矿区开采前ETM遥感影像图

木里矿区地处祁连山高海拔地区，南北高，中间低，西高东低，为山间含煤盆地。聚乎更区、哆嗦贡玛区位于大通河源头段，西高东低、南高北低，平均海拔为4100m。地表大部分被草甸湿地覆盖，植被发育程度低。（注：采用2000年6月ETM卫星数据）

矿区地貌景观照

1.2 照片及图片

黄河支流大通河源头区图

木里矿区地表水系较发育，主干水系大通河发源于祁连山脉东段托来南山和大通山之间，经过措喀莫日湖汇入大通河。江仓矿区地表河流主要为江仓河，是大通河的一级支流，聚乎更矿区地表河流主要有上哆嗦河和下哆嗦河，两河属大通河二级支流。区内季节性河流以及地表发育的小湖泊，形成了河湖交错的湿地。

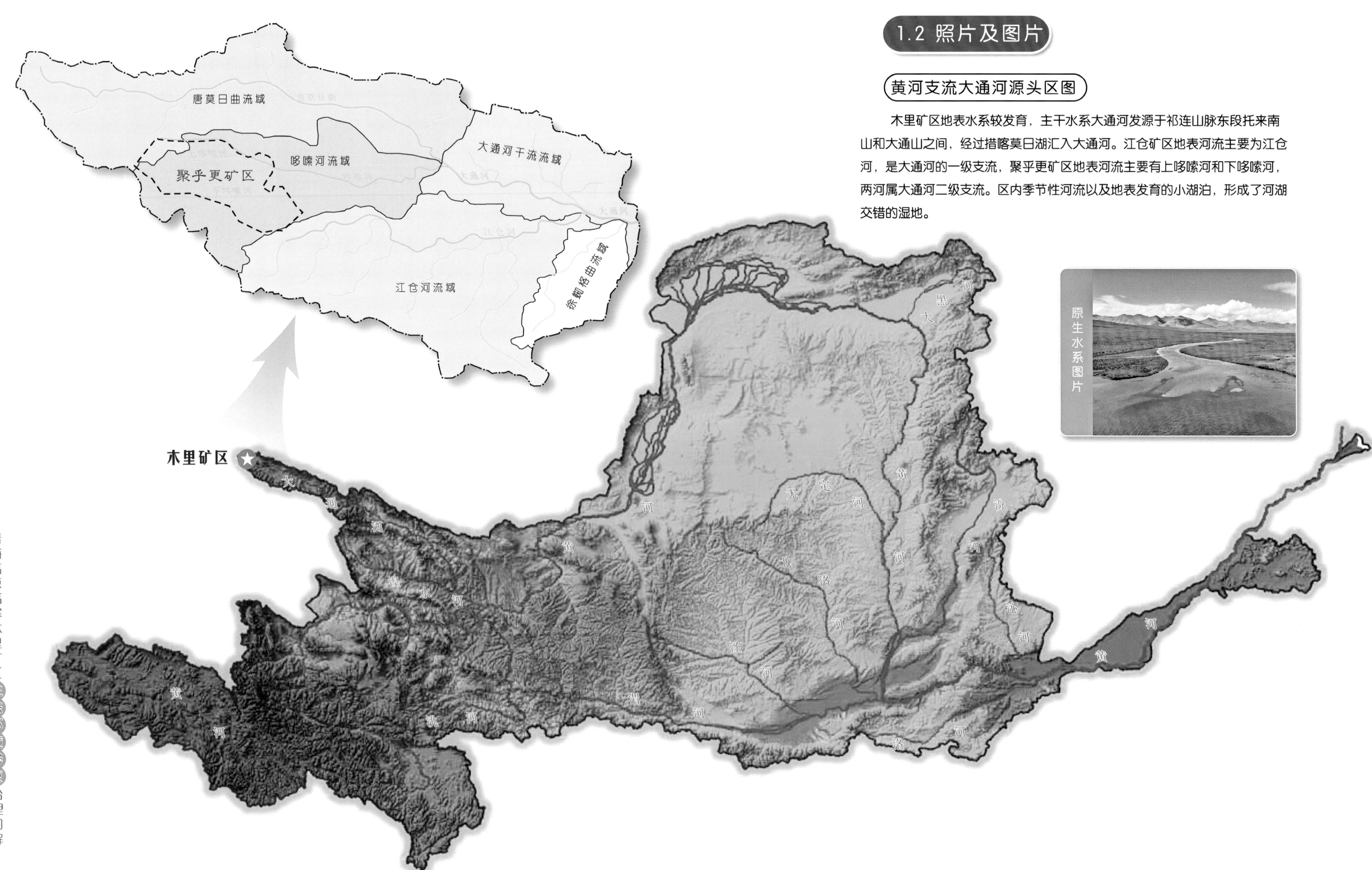

1.2 照片及图片

祁连山脉照片

祁连山脉位于中国青海省东北部与甘肃省西部边境，由一系列北西西—南东东走向的山岭组成，其间由谷地分开，是我国西部重要的生态安全屏障。

矿区地貌景观照

地形地貌照片

木里矿区地处祁连山高海拔地区，主要以高原冰缘地貌类型为主，包括冰缘湖沼平原、冰蚀平原、冰碛台地、冰缘平缓岗陇、冰缘平缓高山等地貌类型。

矿区地貌景观照

1.2 照片及图片

原生水系照片

木里矿区地处祁连山高海拔地区，南北高，中间低，西高东低。其中聚乎更矿区、哆嗦贡玛矿区位于大通河源头段，河流较发育，西高东低、南高北低，沿大通河向下游方向流经江仓矿区，最后汇入大通河，区内河流蜿蜒东流，湿地草甸发育。

矿区地貌景观照

高寒草甸照片

木里矿区由耐寒旱的多年生丛生禾草和根茎苔草为优势种植所形成的矿区植物群落，为青藏高原典型的高寒植被类型，具有很强的耐寒、耐旱特性。矿区植被分为高寒沼泽类和高寒草甸类，具有较明显的高寒地区形态特征。

矿区原始景观照

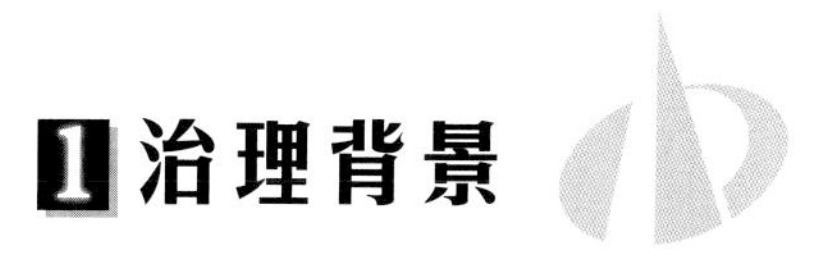

野生动物照片

祁连山是拥有野生动物多样性的典型区域。祁连山内经常能看到野牦牛、藏野驴、藏羚羊、岩羊、马麝、马鹿以及狼、狐狸、旱獭等野生动物的足迹，灰雁、大天鹅、赤麻雀、绿翅鸭、赤膀鸭等候鸟也常生活于此。

矿区景观照

2 生态环境问题

2.1 历年影像图

木里矿区2010年卫星遥感影像图

20世纪60年代，祁连山南麓的木里地区发现了大煤田，煤炭开采的序幕由此拉开。木里矿区由江仓区、聚乎更区、弧山区、哆嗦贡玛区等组成，煤炭资源储量为35.4亿吨，均为优质炼焦用煤。（注：采用2010年10月ASTER卫星数据）

比例尺 1:60 000

2.1 历年影像图

木里矿区2013年卫星遥感影像图

21世纪初，随着木里矿区煤炭大规模的勘探和开发，这里成为我国西北地区最大的炼焦用煤产地。根据已批准的《青海省木里煤田矿区总体规划》，江仓区总设计能力为600万t/a，聚乎更区总设计能力为210万t/a，矿区总体生产规模达到了810万t/a。（注：采用2013年10月ASTER卫星数据）

2.1 历年影像图

木里矿区2018年卫星遥感影像图

木里矿区大规模开采导致生态破坏的问题在2014年被曝光后，青海省政府全面推进木里矿区生态环境综合整治工作。2014—2018年矿区对19座大型渣山进行整治，治理工程起到了一定的生态修复效果，但与原生状态下的生态系统服务功能仍有差距，恢复效果有待提高。（注：采用2018年7月资源三号卫星数据）

2.1 历年影像图

木里矿区2020年卫星遥感影像图

木里矿区涵盖了由聚乎更区、江仓区、弧山区和哆嗦贡玛区四部分构成的整个区域。其中尤以聚乎更区开发强度最大，对生态环境破坏扰动最为明显，形成了7座矿井、11个露天采坑和12座渣山。（注：采用2020年7月北京二号卫星数据）

2020年11月25日聚乎更区三号井实景

2.1 历年影像图

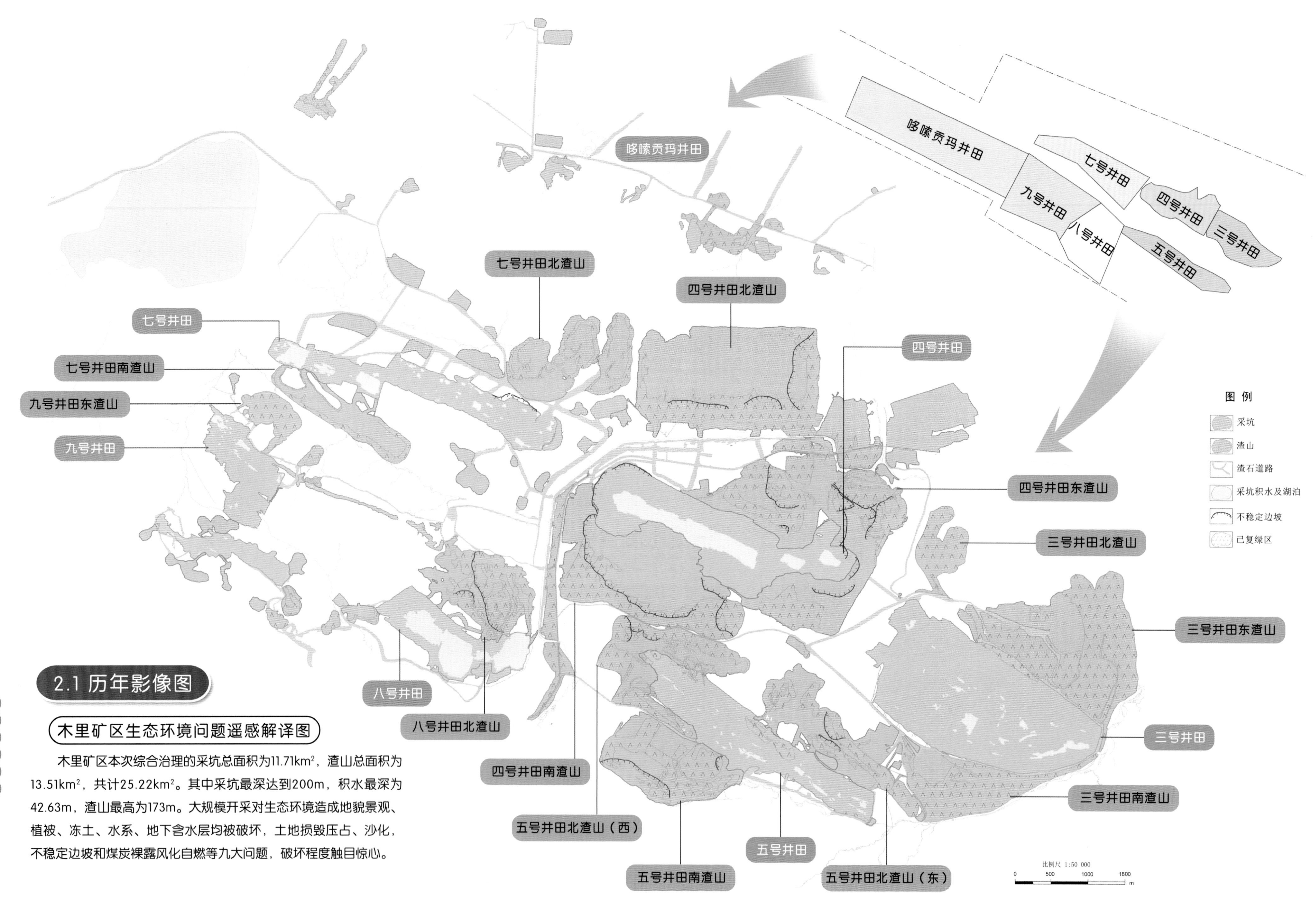

木里矿区生态环境问题遥感解译图

木里矿区本次综合治理的采坑总面积为11.71km²，渣山总面积为13.51km²，共计25.22km²。其中采坑最深达到200m，积水最深为42.63m，渣山最高为173m。大规模开采对生态环境造成地貌景观、植被、冻土、水系、地下含水层均被破坏，土地损毁压占、沙化，不稳定边坡和煤炭裸露风化自燃等九大问题，破坏程度触目惊心。

2.2 生态环境问题照片

地貌景观破坏照片

木里矿区露天开采产生了11个采坑和规模大小不一的12座渣山，呈现出采坑、渣山数量多，面积大，深度和厚度大，且大部分采坑周边都堆建了渣堆，进一步扩大了地形落差。地形变化加剧，极大地改变了地形地貌与周边自然景观的协调性。

2.2 生态环境问题照片

植被破坏照片

因煤矿露天开采形成的采坑、渣山、道路、工业场地等工程及其周边地区植被均遭受破坏，湿地严重退化。同时露天采掘、道路扬尘及爆破烟尘形成的降尘污染周围草地，影响牲畜牧食，致使草地使用功能有所降低。牲畜常年食用受污染的水源、牧草后，影响其正常发育，使畜牧业经济受损。采掘、爆破、运输等已对矿区周边草场造成煤尘和土壤扬尘污染。

2.2 生态环境问题照片

土地损、毁、占照片

矿区主要土地类型为天然牧草地，据2020年7月25日遥感解译结果显示，聚乎更矿区内矿山开发占损土地共计3798.29万m^2，损毁土地类型为沼泽草地。其中采场面积为1206.43万m^2，沿西北方向展开，渣堆占地面积为2105.96万m^2，沿采坑两侧分层堆放。

采挖坑

渣石山

储煤场

2.2 生态环境问题照片

工业广场包括办公区、生活区、矿区道路等，面积为485.90万m^2。土地损毁和压占导致天然草甸、湿地被破坏，影响了原生态系统的功能。

矿区

生活区

炸药库

冻土破坏照片

煤炭开采形成的采坑(积水)、渣山改变了原有的多年冻土层埋藏的深度和厚度，破坏了原有的冻融平衡关系。开挖揭露破坏了原有的冻融层和多年冻土层，导致多年冻土层上限下移和侧移。采坑积水会在坑底形成融区，从而阻碍冻土层的形成。同时渣石堆放形成渣山，改变了冻融层下限，破坏了原有的冻融平衡;其次矿井工业场地建设和工程扰动，造成冻融层下限下移，打破了原有的冻融平衡。近10年冻土地温监测资料显示，木里矿区周边多年冻土上限下降率在0~20cm/a，2014年矿区全面停止生产后，矿区的冻土环境不再有显著的变化，但已破坏的冻土环境并未有显著改善。

2.2 生态环境问题照片

水系、湿地破坏照片

木里矿区煤炭露天开采造成局部地表、地形、地貌条件的改变，天然河道被人为截断、改道，破坏了地表水系和地表水径流条件，水源输送能力和水源涵养功能下降。地表水疏干，原始承压水位将逐渐下降，地下潜水(冻结层上水)下降，多年冻土的完整性被破坏，使地下水、地表水发生水力联系，导致湿地退化，造成植被退化以及水源流通能力和水源涵养功能的下降。除采场、排渣场、工业场地等占地对湿地直接造成破坏外，原有的地层热平衡被打破，地层被开挖或被占压，占用区域周围的冻土层不断地扩大其热融范围，其地表水不断地下渗，导致周边湿地退化。

开采形成的采坑，形成负地形，地表水直排或通过下渗潜流，地下含水层被揭露，不同水源的水汇聚到采坑，在部分采坑内形成积水，积水直接影响采坑和渣山边坡的稳定性。同时采坑积水的热融效应，对周边冻土层造成破坏。聚乎更矿区采坑总积水面积为130.08万m²，积水深度3~42m，总积水量为1476.51万m³，以四号井和八号井积水规模为最大，均位于上哆嗦河穿越的位置。采坑积水除个别点锰略高于限制之外，其他监测指标均达到Ⅱ类水标准，水质良好。

2.2 生态环境问题照片

土地沙化与水土流失照片

采坑周边地表水和冻结层上水解冻后不断向坑内排泄，引发采坑周边的潜水水位下降，导致植被退化。而地表植被一旦遭到破坏，就会导致植被复绿难度大，成活率低。植被破坏或退化，矿区水源涵养功能就会衰减。露天采场边坡岩体上部、渣山堆放受水力冲蚀和热融影响，极易造成滑坡、坍塌等问题，引起并加剧水土流失。另外，露天剥采形成新的裸露地表，亦可增加水土流失量。

边坡失稳（滑坡、崩塌、冻融泥流）照片

不稳定边坡主要位于采坑高陡边坡和渣山四周，开挖产生的渣石在采坑附近层叠堆放，由于压实处理不到位、排水设施不完善，加之区内特有的冻胀融沉作用等原因，在重力作用下坡体产生拉张裂缝，导致边坡失稳。

2.2 生态环境问题照片

在聚平更矿区内共发现不稳定斜坡11处，集中发育在四号井、五号井和七号井。从发育部位来看，大多位于渣堆的边坡处，共9处，采坑内多为基岩，稳定性相对较好，不稳定斜坡发育较少。

3 科学设计与治理

3.1 工程勘查

水样测试照片

选择具有代表性的水点进行监测，主要在地表水体、疏干排水口和采矿、选矿废水及生活污水排污口等处设置监测点。通过对其化学成分进行监测，重点对污染组分进行检测，判定水质污染源的来源和走向，为矿山环境地质修复治理提供依据。

3.1 工程勘查

地形测量照片

通过测量对采坑、渣山、积水坑、河流、泉水及裂缝、塌陷、滑坡等重要地物进行全面反映，并查明崩塌、滑坡等地质灾害所处区域地质环境条件，收集已有的区域构造、地震、气象、水文、植被、人为改造活动以及造成的损失程度等资料，了解相关的地质环境。

3.2 工程施工环节

采坑边坡阶梯整治照片

为保证采坑边坡稳定，为后期复绿创造良好的立地条件，需通过统一削坡减载的方法，使边坡达到稳定状态，即通过对采坑上部台阶清坡、削坡整形、碾压，坡体由台阶组成，将采坑边坡平台塑造为稳定的种床，并进行压实，保证边坡的稳定。坡顶底面修筑截排水沟，避免造成水土流失。

渣山整治照片

渣石的堆放不仅占用大量的土地，破坏区域生态平衡，并且易产生污染，是亟须解决的环境保护难题，是矿山环境治理中的重点之一。木里矿区渣山分布面积广且规模大，由于压实处理不到位，长期处于饱水状态。因冻融作用和重力作用，部分坡体垮塌，加之物理风化作用及表面局部有松散堆积体，造成局部稳定性较差，形成不稳定边坡。为保证渣山稳定，为后期复绿创造良好的立地条件，需通过统一削坡减载的方法，使渣山边坡达到稳定状态。

3.2 工程施工环节

采坑回填整治照片

对山坡地带形成的长倾斜采坑，如果全部回填并不合理，且容易形成重力滑坡。以倾斜端的坑深为最大回填深度，通过模拟确定出适宜的最大稳定坡线角值、合适的梯田阶数、单个梯田步长和梯田的步长高度等参数，并对每个梯田台阶设置泄洪沟，使其相互连接，以达到坑底斜沟槽回填物的稳定，并具备雨季泄洪能力。

3.2 工程施工环节

水系整治照片

木里矿区在露天开采过程中，致使地表形成大量采坑和渣山，地形、地貌条件被改变，天然河道被人为截断、改道，大通河源头区、上下哆嗦河上游段、江仓河等多条支流径流条件遭到破坏，进一步导致地下潜水（冻结层上水）下降，湿地以及植被退化，生态系统原有的水系连通被割断，水源流通能力和水源涵养功能下降。采取一系列的地形、地貌整治和水利工程措施，对采坑、渣山及道路等障碍物进行工程改造，最后实现宏观、中观、细观、微观一体的水系连通。

3.2 工程施工环节

稀缺煤炭资源保护照片

在矿区生态环境治理的过程中，如何统筹资源保护工作，有效地保护好煤炭资源，是一项十分紧迫且重要的任务。资源的节约和保护是木里矿区生态环境修复治理模式的重要内容。矿区的焦煤资源是生态修复治理过程中的主要保护目标。治理中采取的煤炭资源保护技术主要为：人造“冻土层”，恢复资源原始赋存状态。针对人工开挖揭露的煤层、煤层露头、煤层露头自燃三种情况开展煤炭资源的保护工作。

第一步：清运煤炭形成煤槽

第二步：封填红黏土

第二步：封填红黏土

3.2 工程施工环节

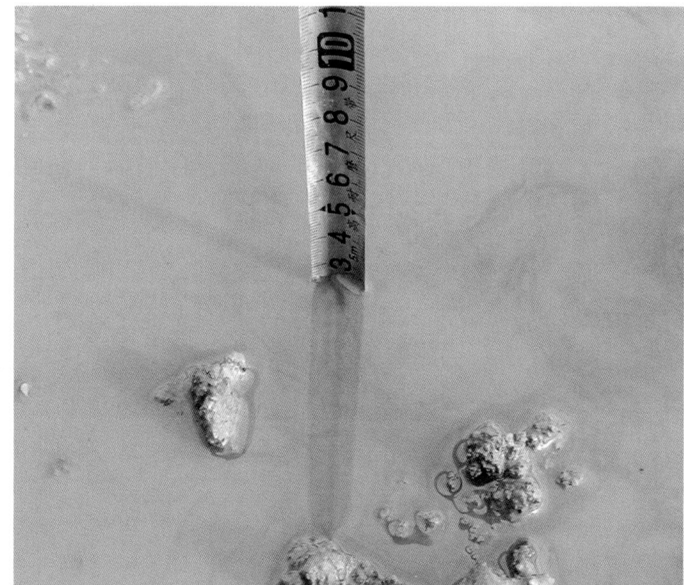

第三步：洒水冻实

第四步：分层压实

对暴露煤层自地表向下开挖50~100cm，对自燃煤层则采用包括煤层燃烧和烧变围岩全部剥离。然后在煤层开挖面上用细渣土或红黏土等覆盖压实，加入水冻结，反复多次形成人造“冻土层”。人造“冻土层”形成后，其上再覆土整平，实现与周围地形相协调。

七号井残留煤炭量大、质优。煤类以1/2中黏煤（1/2ZN）和气煤（QM）为主，为冶金炼焦用煤，属特优稀缺煤种。上述煤层自2014年暴露地表，如不及时处置则会遭受风化，不仅造成宝贵资源浪费，而且还会成为新的污染源，造成环境污染，且存在较大的煤层自燃等风险因素。因此，是木里矿区生态环境治理中亟待解决的问题。

治理前

地形治理中

封填煤层治理后

基质调查照片

在采坑、渣山地形重塑的基础上，对聚乎更矿区及哆嗦贡玛矿区复绿范围各图斑采用现场路线调查、粒度统计和样品采集化验等方法对土壤基质（覆土）适宜性开展调查工作。划分采坑、边坡及渣山覆土作业类型，为后续覆土复绿工作的开展提供依据。

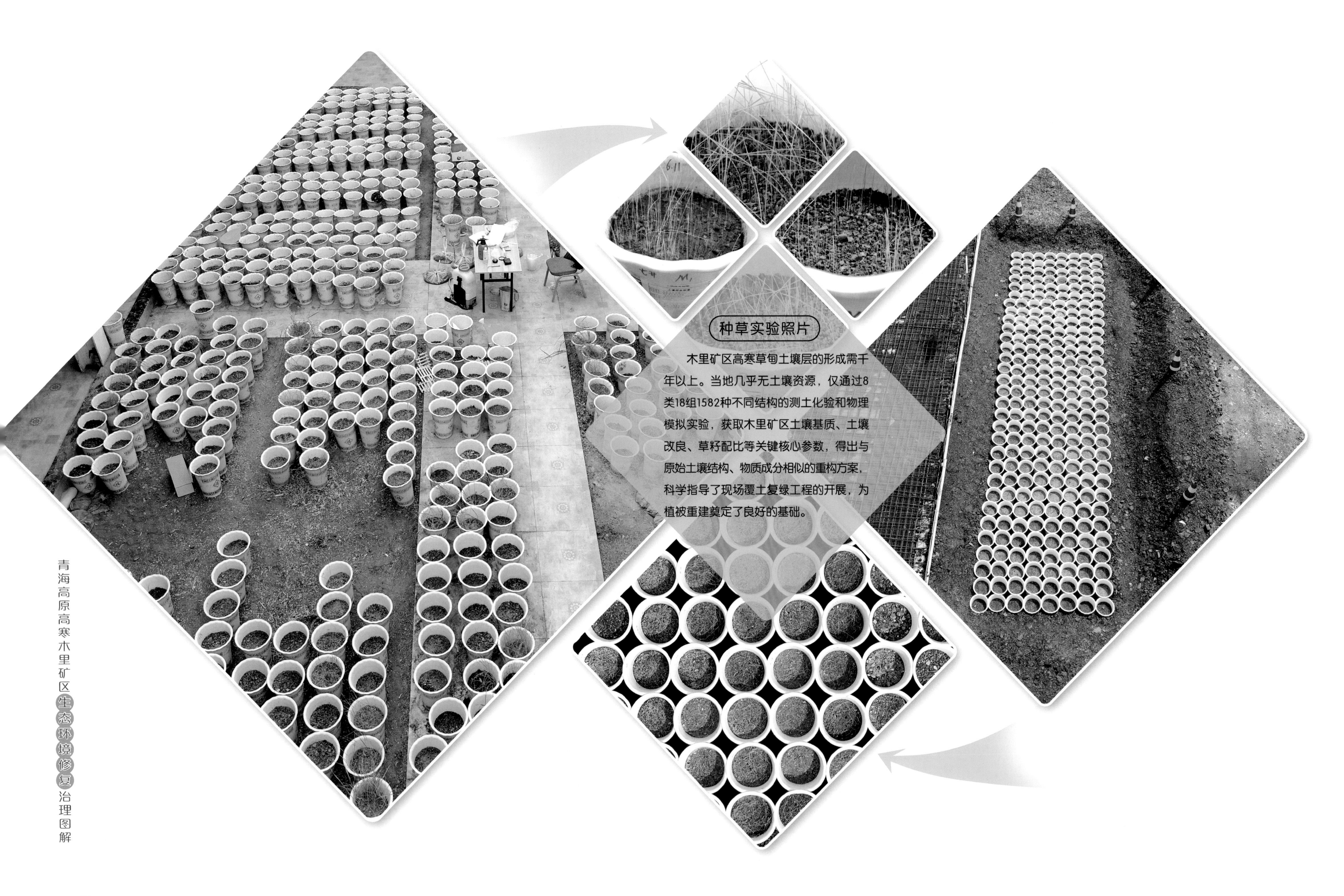

种草实验照片

木里矿区高寒草甸土壤层的形成需千年以上。当地几乎无土壤资源，仅通过8类18组1582种不同结构的测土化验和物理模拟实验，获取木里矿区土壤基质、土壤改良、草籽配比等关键核心参数，得出与原始土壤结构、物质成分相似的重构方案，科学指导了现场覆土复绿工程的开展，为植被重建奠定了良好的基础。

木里矿区高寒草甸土壤层的形成需千年以上，当地几乎无土壤资源，仅有现场渣土可以利用。基于这种情况，技术人员将理论与工程实践相结合，把实验室搬上高原大地，开展了大量的生态环境背景测试，模拟自然植被生长条件，研究原始土壤层剖面结构，分析土壤化学成分和有机质组成，利用渣土、含有机质的沙泥质添加物、有机肥等重构土壤。在当地，羊板粪是很好的有机质添加物。

3.2 工程施工环节

实验中

土壤重构照片

在采坑、渣山治理过程中，对渣土通过加水等物理措施，达到一定压实度，形成具有一定强度的土壤基质层。在其上进行覆土，保证在植物种植后，水分可以得到充分利用，起到增温保墒的效果。通过试验利用渣土、含有机质的沙泥质添加物，即使用当地羊板粪作为添加物和有机肥等进行土壤重构，为下一步种草复绿提供了较好的土壤条件。

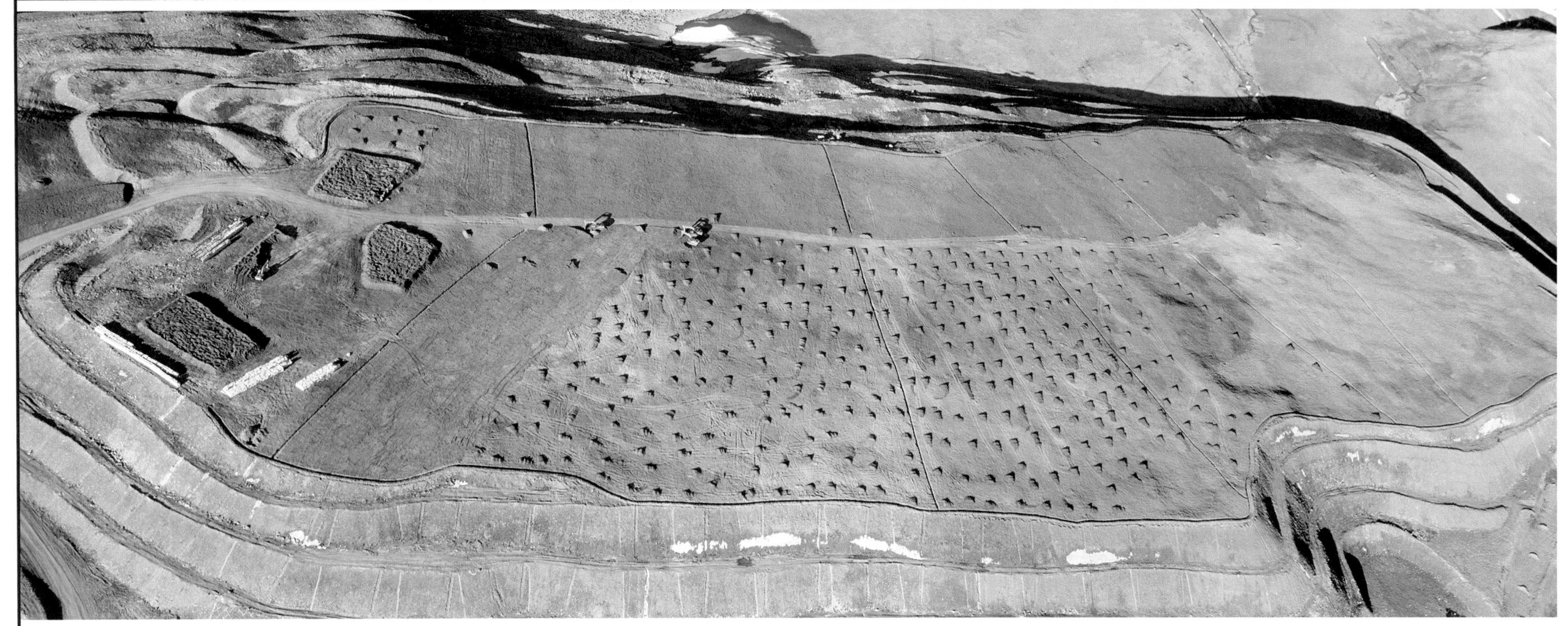

1

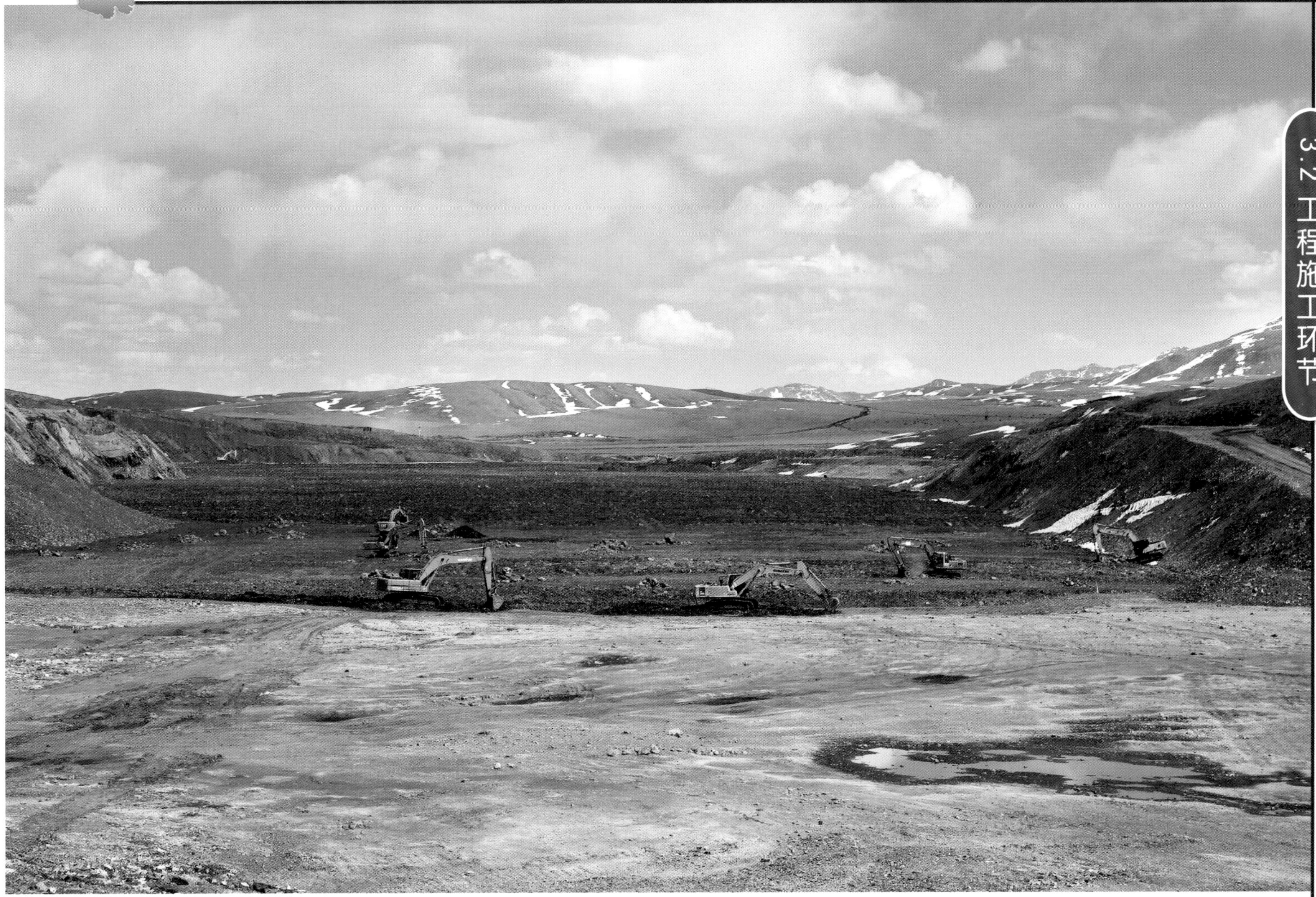

种草复绿照片

种草复绿第一步：形成种草基质层

通过筛选的渣土覆盖或就地翻耕捡石后形成深度为25cm的种草基质层（覆土层），种草基质层中直径大于5cm的石块比例不超过10%。

种草复绿第二步：修建排水沟

边坡坡面30m至50m内修建排水沟，与边坡平台区修建的拦水坝共同形成排水系统。

种草复绿第三步：改良渣土

在渣土中拌入羊板粪、有机肥，将羊板粪、颗粒有机肥，摊铺在种草基质层上，采用机械或人工方法，均匀拌入种草基质层，深度要大于15cm。

3.2 工程施工环节

4

种草复绿第四步：播撒有机肥

将颗粒有机肥，按照平台和坡地不同用量，通过机械或人工方式，撒施在种草基质层表面。

种草复绿第五步：机械或人工播种

将选用的同德短芒披碱草、青海草地早熟禾、青海冷地早熟禾、青海中华羊茅四种牧草种子并将其与牧草专用肥混合，通过机械撒播或人工撒播等方式，撒播在种草基质层表面。

种草复绿第六步：耙耱镇压

对播种的地块，采用机械或人工方法耙耱镇压。

种草复绿第七步：铺设无纺布

耙糖镇压完成后，铺设无纺布。无纺布边缘重叠处用石块压紧、压实。

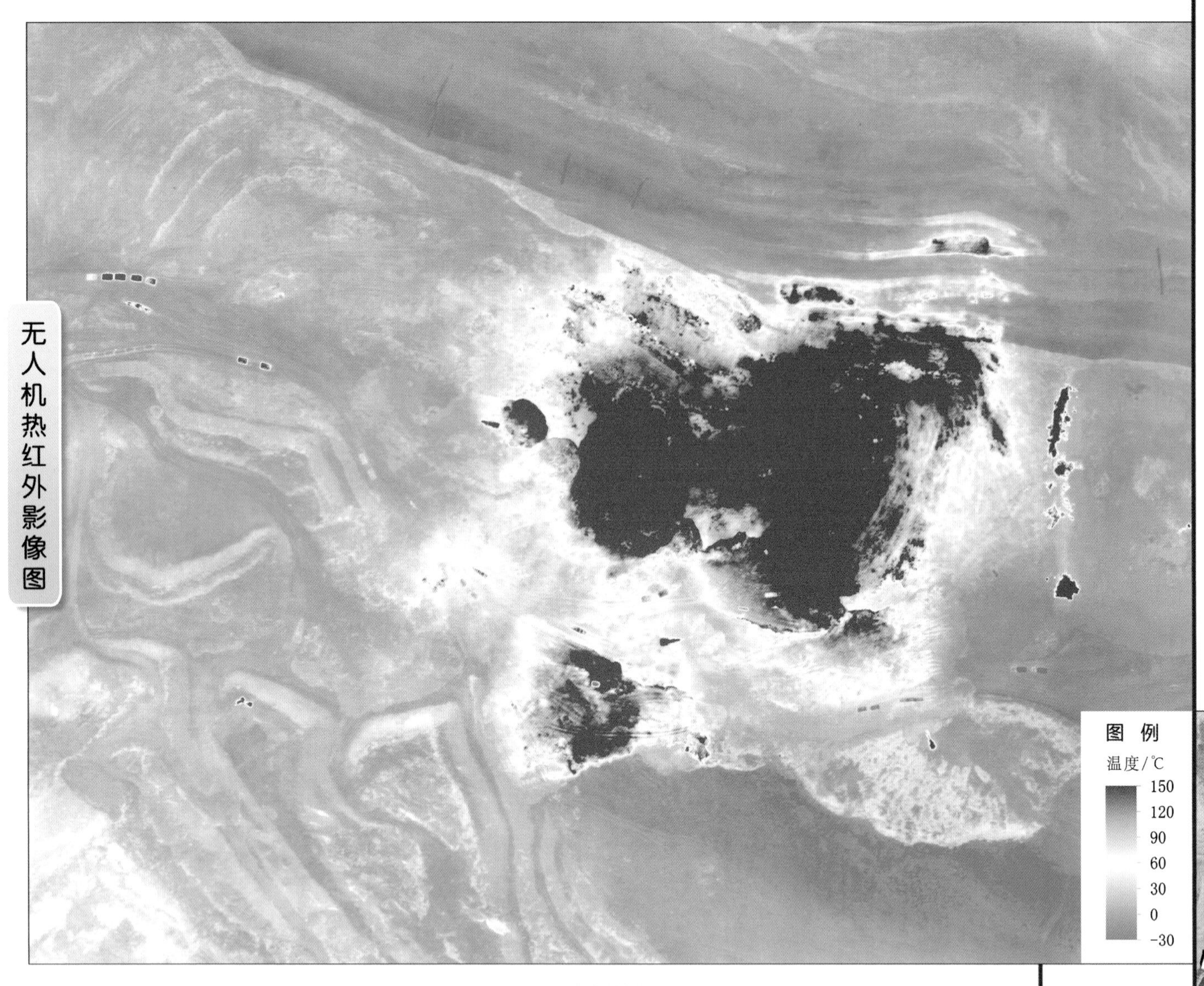

无人机热红外影像图

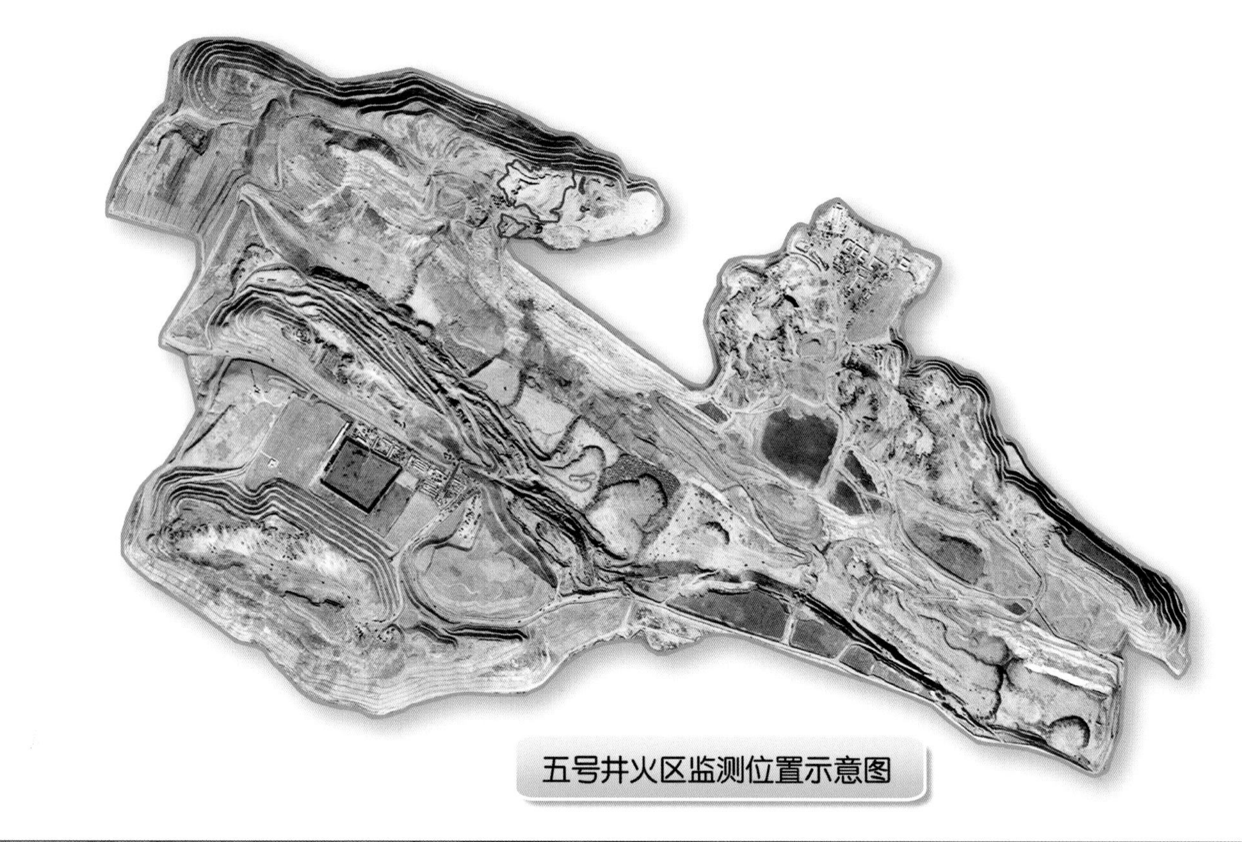

五号井火区监测位置示意图

3.2 工程施工环节

无人机工程监测照片

对聚乎更区五号井1号渣山高温异常区先进行红外遥感探测，圈定温度异常范围，随后通过钻探对高温异常区采取适当降温、注浆封闭等治理措施。

聚乎更区五号井1号渣山东（北渣山）在取渣初，即发现有小范围的高温异常区，随着取渣工作向深部推进，温度异常区面积不断扩大、温度显著增高。在高温异常区发现有裂缝和空洞，裂缝和空洞处可见多处燃烧迹象和冒水蒸汽白烟现象点，并伴有轻微的刺激性气味，同时取渣作业面可见较多明显因高温灼烧而成的砖红色火烧岩。

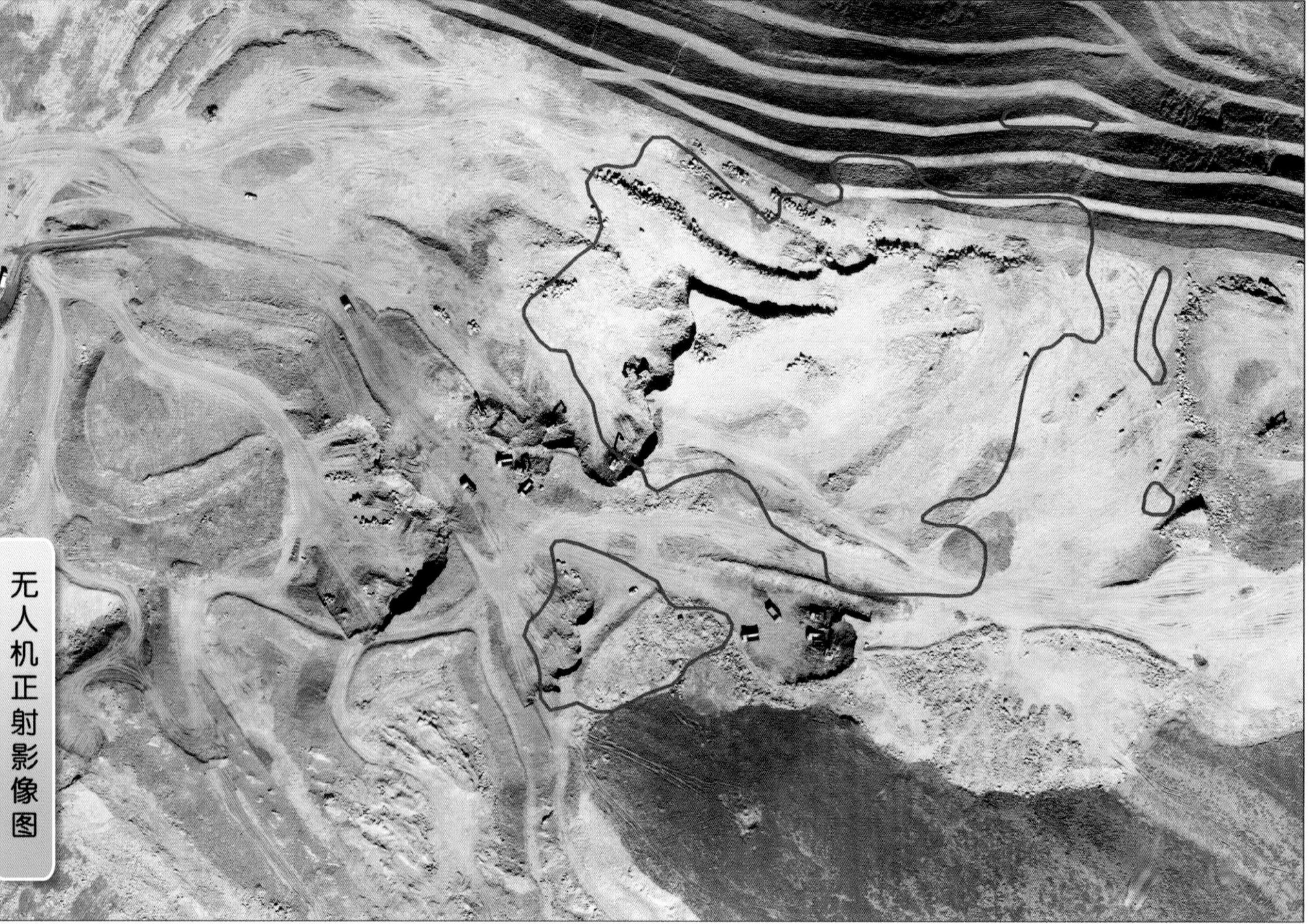

无人机正射影像图

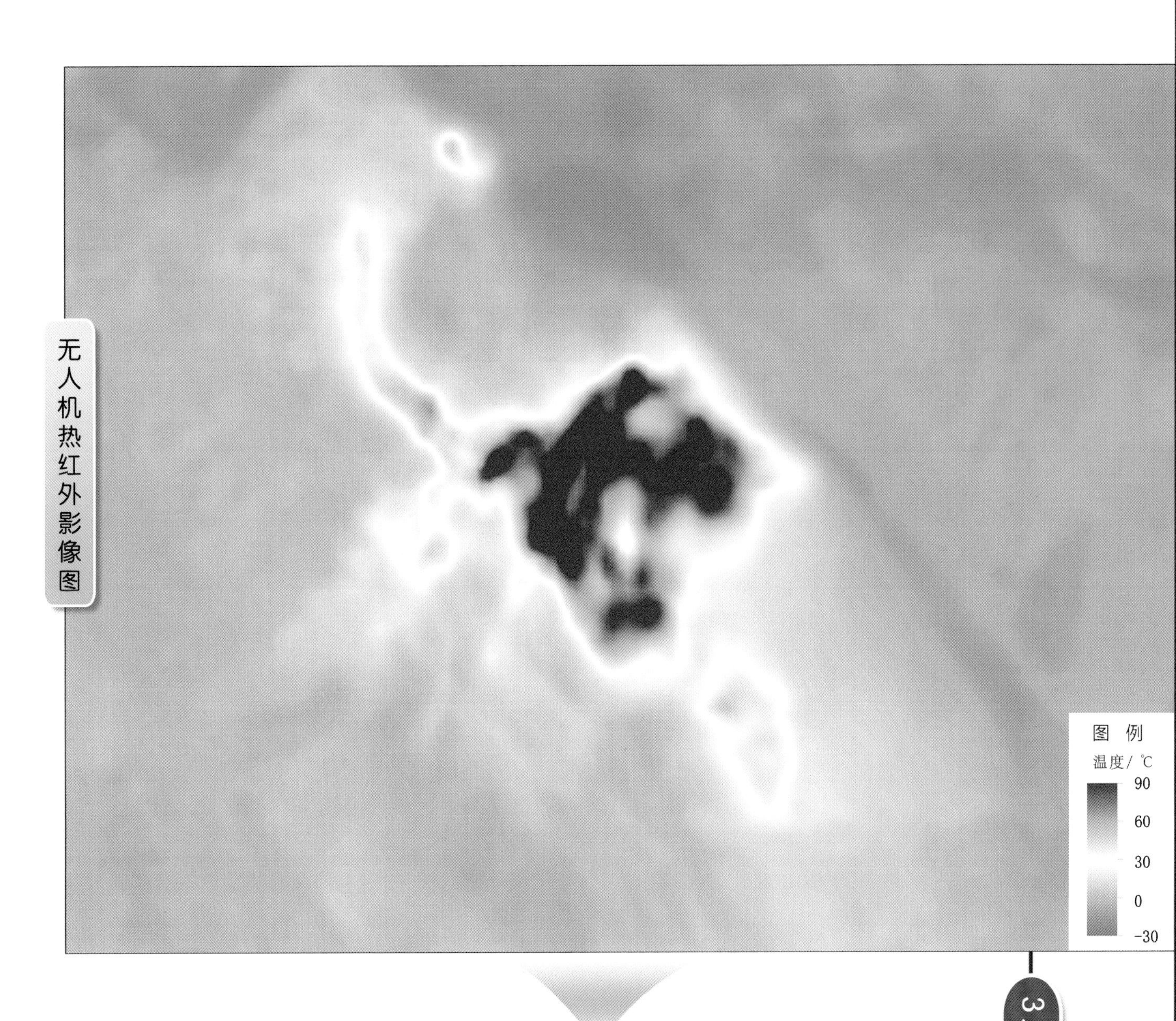

无人机热红外影像图

针对聚乎更区八号井“小火山”开展红外遥感探测，圈定高温区范围后，再对渣土进行清理，清理后准确判断煤层是否自燃。

3.2 工程施工环节

在聚乎更区八号井范围内，我们对当地人俗称的“小火山”进行了实地调查。现场未见明火，上部浅灰、灰白色渣土在高温烘烤下变为褐色、褐红色的烧变岩。从出露煤层表层风化程度及断面新鲜程度、渣土厚度等初步判断，该处露有煤层露头的冲沟，人为开挖剥离时间应该发生在近几年。

八号井火区监测位置示意图

无人机正射影像图

以先进的“空天地”一体化综合遥感技术为手段，大数据为支撑，结合地面微观监测，辅以现场常规巡查，建立矿区生态场景监测模型，共建共享矿区生态环境监测系统平台。用多平台、多传感器、多时相数据，并用计算机对图像信息进行加工处理。建立高分辨率成像、夜间热红外探测及微波穿透云雾和全天候工作的航空遥感业务化的生态监测运行系统，全系统在设计和最优化组合方面具有突出的特点，是集成了遥感、遥控、遥测技术与计算机技术的新型应用工具，为构建矿区生态场景监测模型提供实时更新数据。

3.2 工程施工环节

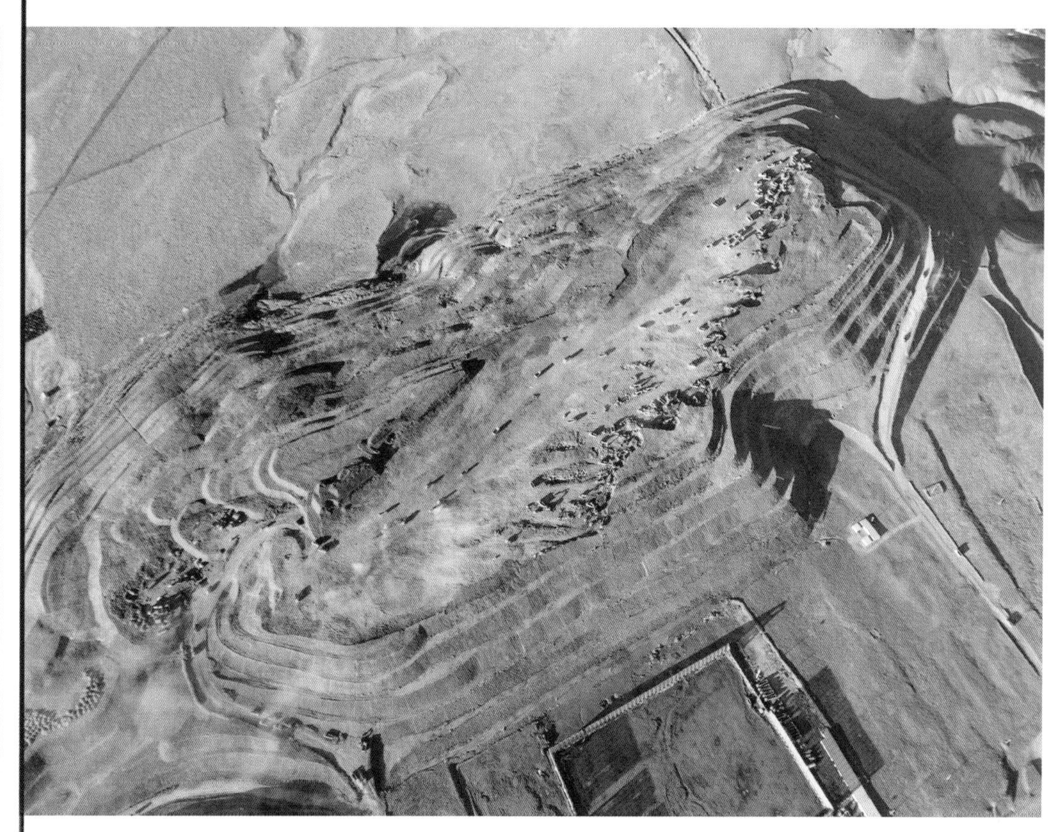

3.2 工程施工环节

根据监测广度与监测精度的不同，可选择的生态环境监测手段包括：航空摄影测量的低空照片判读、外层空间的卫星资料解译技术、地面实地现场调查。将遥感影像、航空照片与现场勘察相结合，将有效地监测矿区土地损毁程度和治理效果。

庆阳经纬测绘仪器
13830441905

4 科技创新

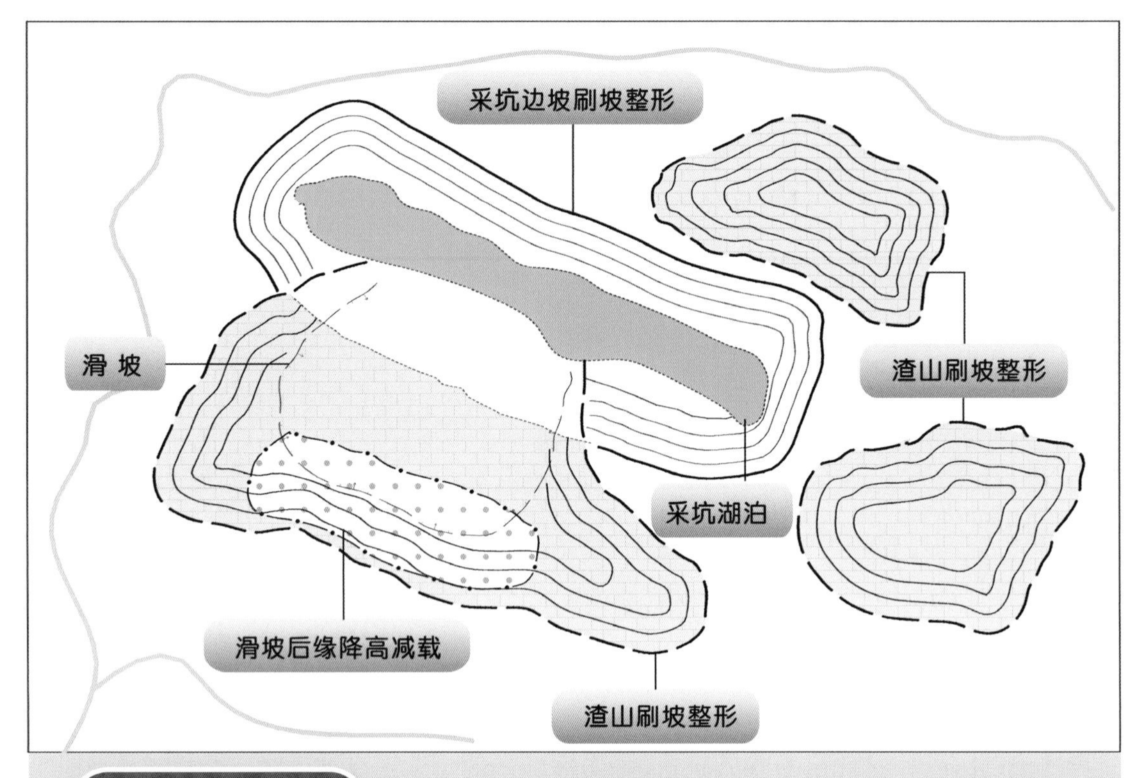

4.1 关键技术

高危渣山降高减载和边坡减坡技术图片

通过对采坑上部台阶清坡、渣山刷坡整形、碾压，对采坑边坡进行清坡处理，消除浮石和崩塌等灾害，对渣山削坡减荷，渣山总体高度控制在30m以下，坡度小于25°。对于聚乎更区四号井滑坡后缘降高减载，保持滑坡的稳定，为后期覆土复绿创造条件。

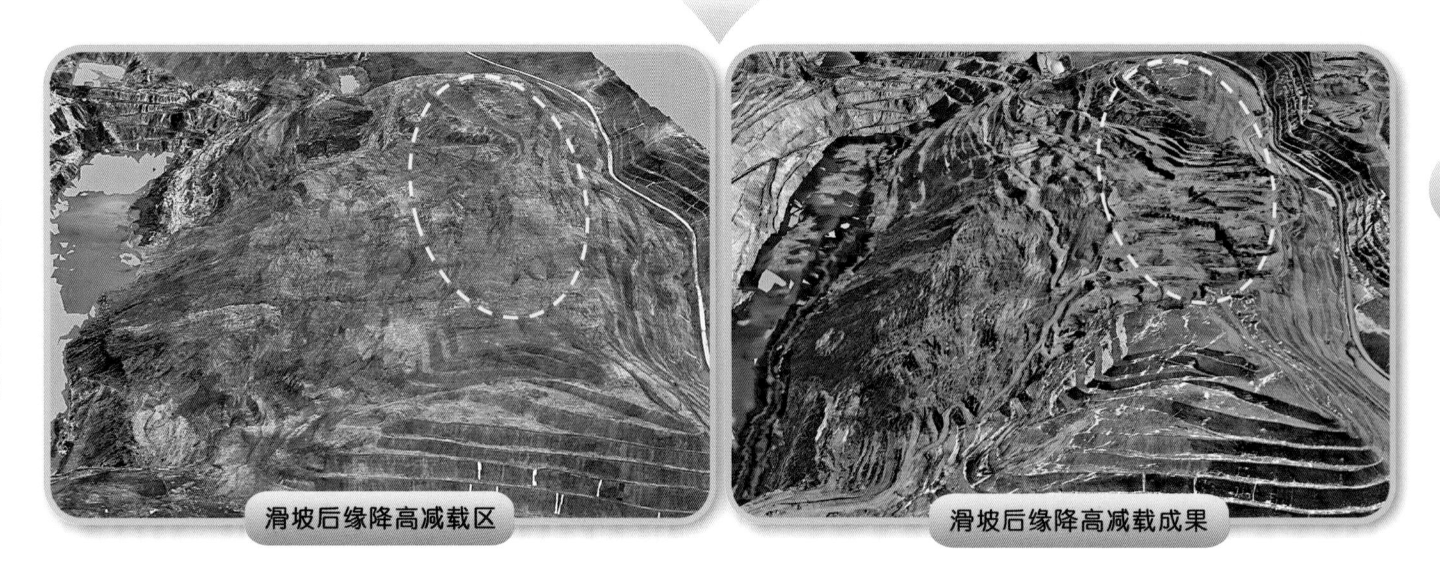

a

b

梯田台阶再造技术图片

聚乎更区五号井采坑，基于坑底西高东低的条件，对采坑底部进行部分回填，整体坑底形成西高东低依次降低的梯田状地形，巧妙地利用中东部较高岩层形成的砥柱，保证施工安全和采坑梯田内部的稳定性及连通性，从而实现了南北渣山边坡与采坑边坡一体形成"U"形断面和西高东低的梯田状地形，避免了积水及冻融层对整治后的边坡产生破坏，同时雨季洪水通过导水槽流至东坑外，最终与下哆嗦河自然连通。

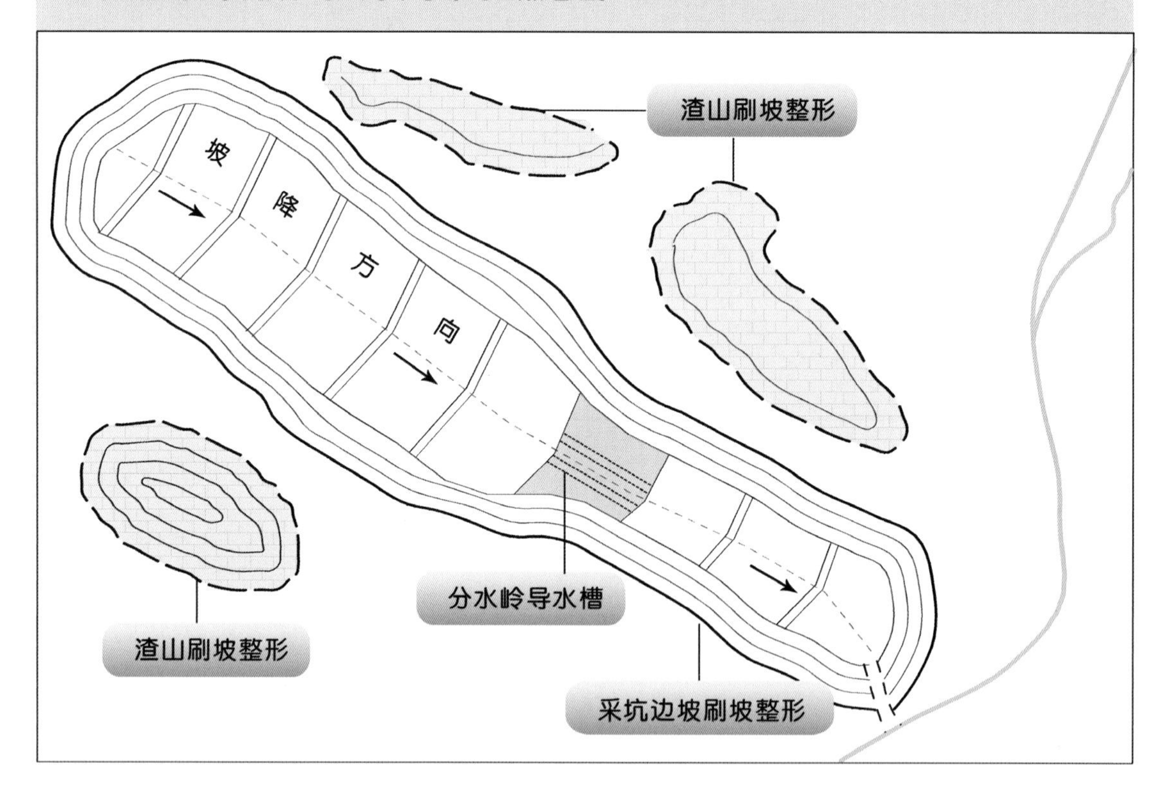

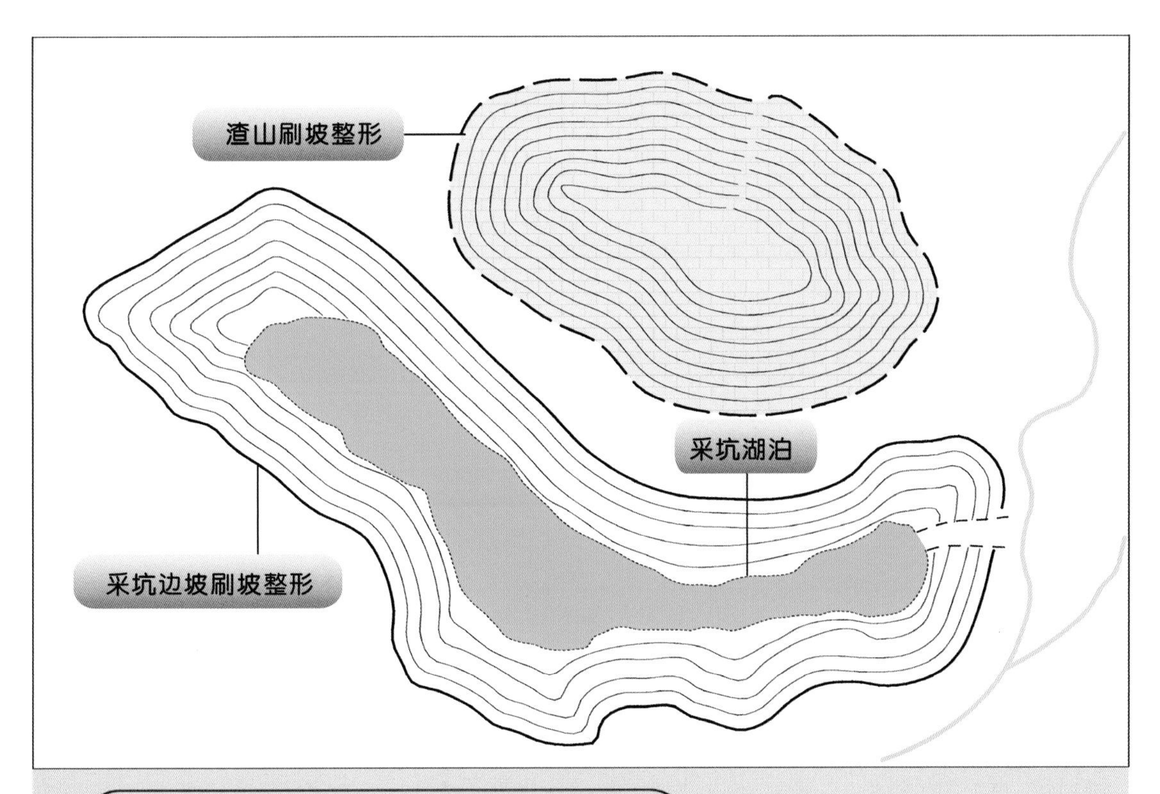

c

（积水采坑改造保留高原湖泊技术图片）

本次治理对聚乎更区三号井、四号井、七号井、八号井都采用了高原湖泊再造技术，通过保留高原湖泊可以起到调节河川径流、涵养水源、繁衍水生生物、改善区域生态环境的作用。

d

4.1 关键技术

（引水归流高原湖泊再造技术图片）

将一个或多个积水采坑边坡、周围的渣山进行削坡和整形，以达到边坡稳定，与周边环境一致的湖岸景观，再造形成高原湖泊景观。采坑内的积水经过渗滤，水质达标后，将水引出与周边河流水系连通。在聚乎更区七号井和八号井，采用了该技术进行治理。

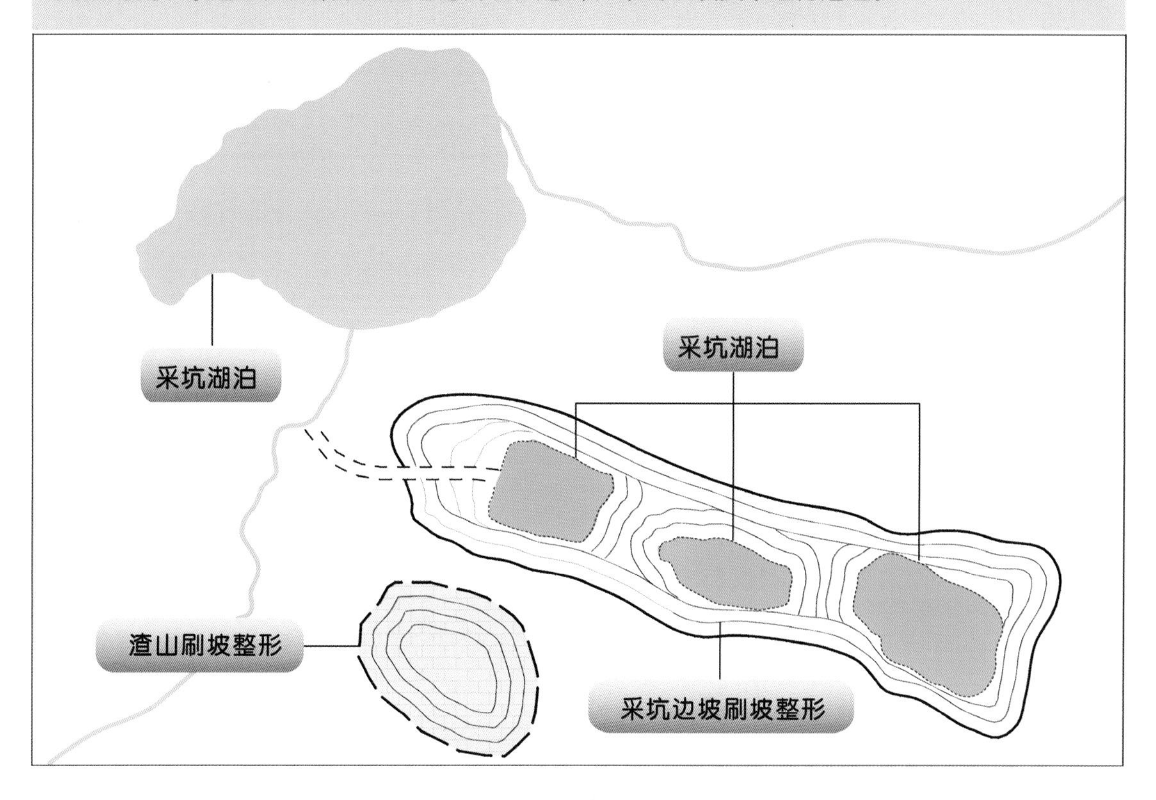

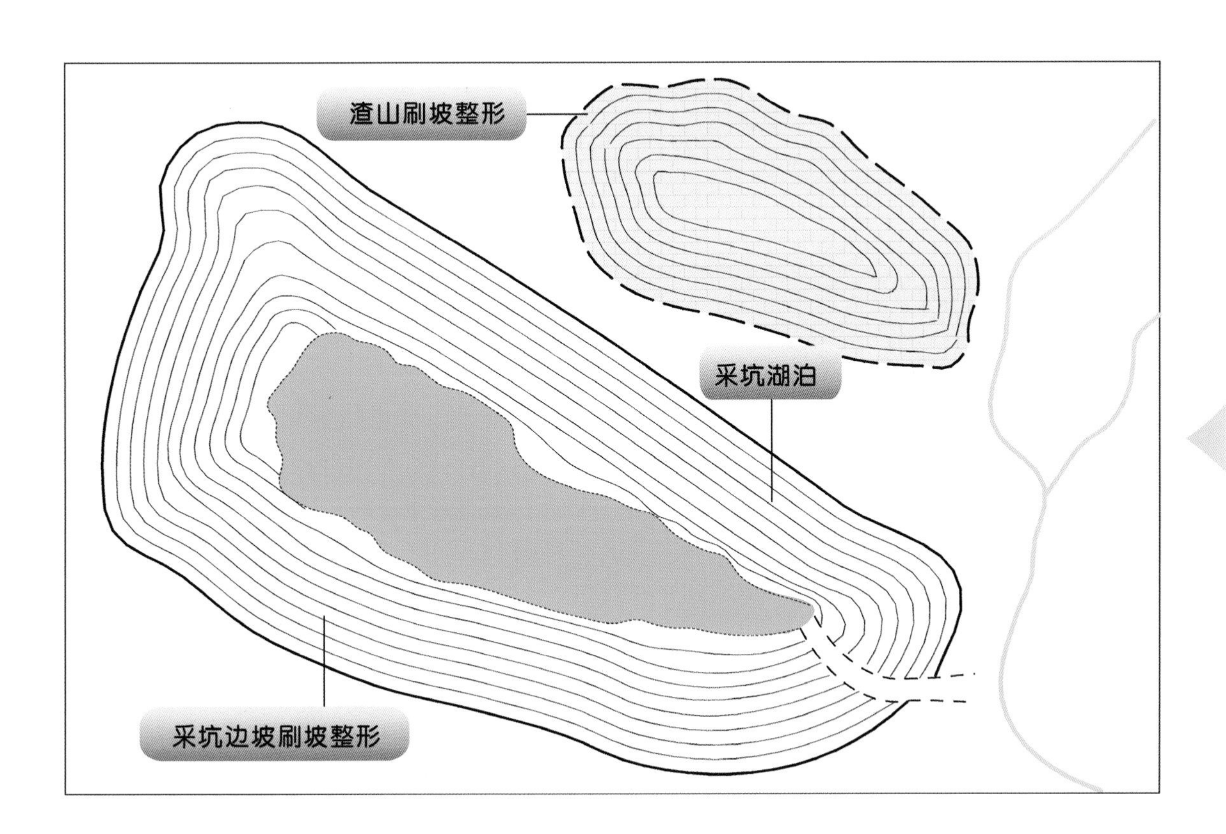

e

（引水代填高原湖泊再造技术图片）

对边坡相对稳定的采坑，为减少大量回填工作，以水代填，采用将河流或其他水体引入坑中，达到一定高度后再引出的方式，形成高原湖泊景观。在聚乎更区三号井，若采用渣土回填方式治理，需要将近1亿多m^3的回填量，采用引水代填技术，仅使用了不到140万m^3的回填量。

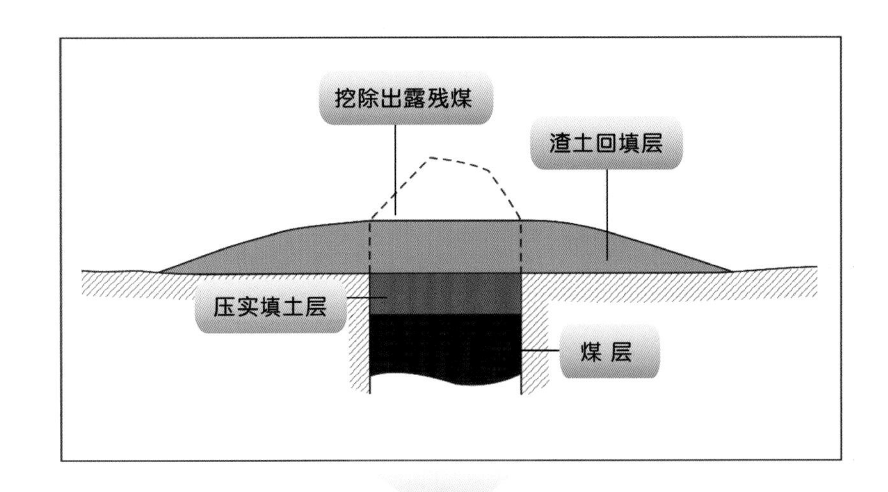

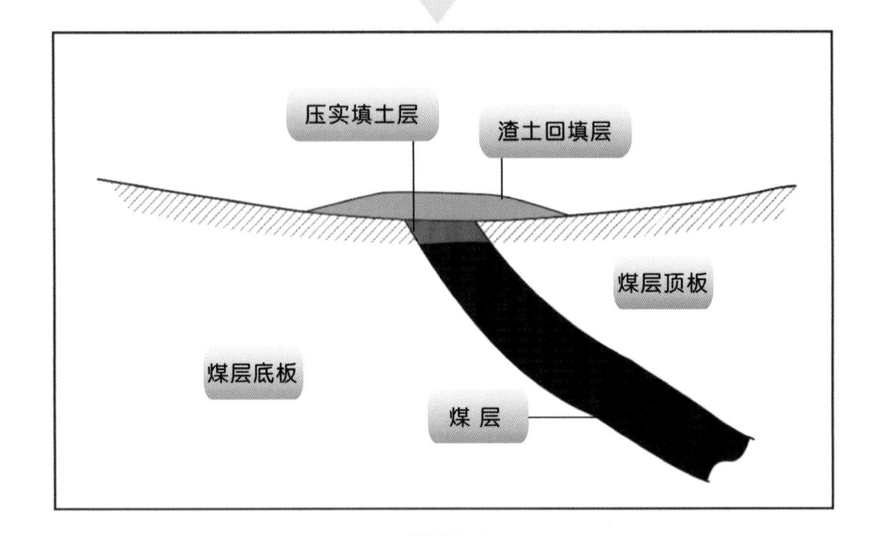

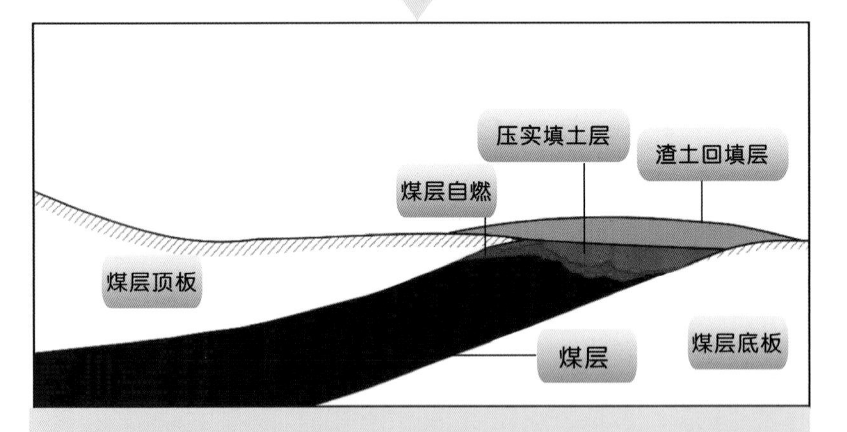

残留煤炭资源保护技术图片

本次治理针对人工开挖剥露的残煤、煤层露头、煤层自燃三种情况开展了煤炭资源的保护。因地制宜，通过模拟冻土方法，实现了生态环境整治与煤炭资源保护的统筹协调。

4.1 关键技术

残留煤炭资源转运

煤层露头封堵

覆土压实

模拟冻土层

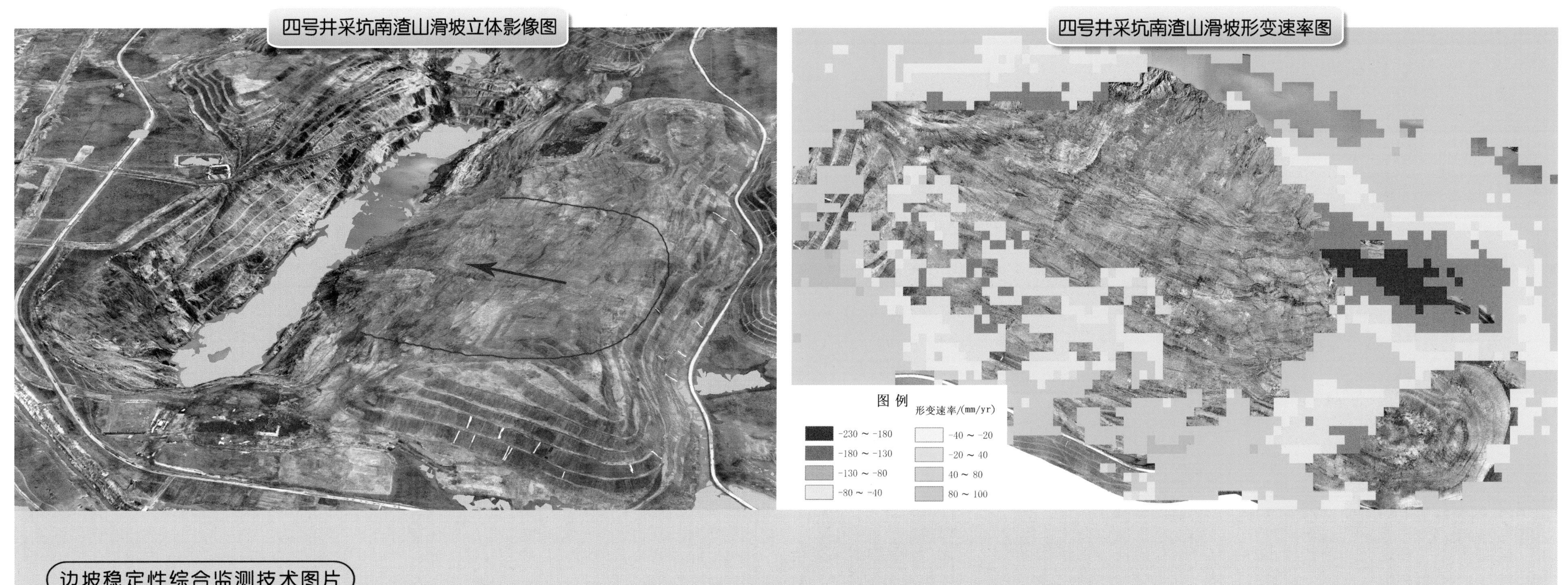

边坡稳定性综合监测技术图片

通过“空天地”一体化多源数据融合和多手段全面识别、监测和评估区内渣山边坡的稳定性，采用综合遥感技术、地表调查、物探及钻探等技术开展“空天地”一体化多源多层次数据核查比对，掌握其滑坡规模、空间形态及滑动结构面等情况。

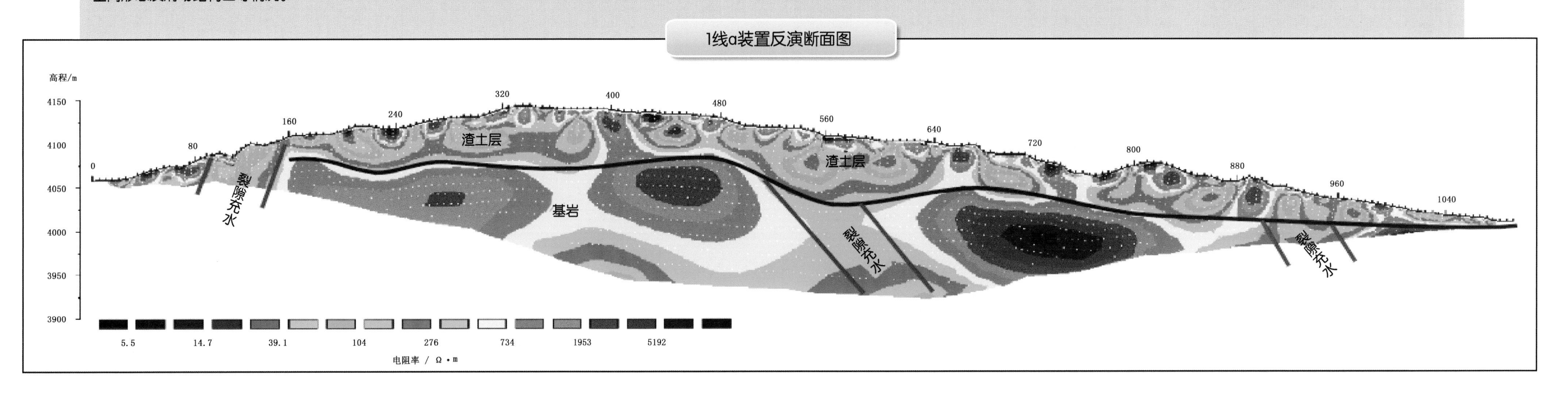

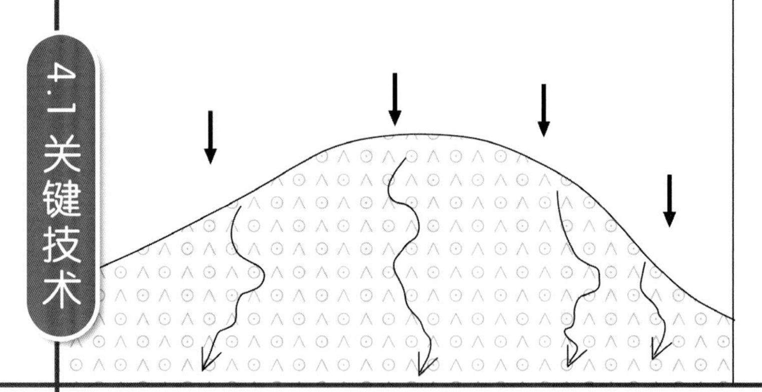

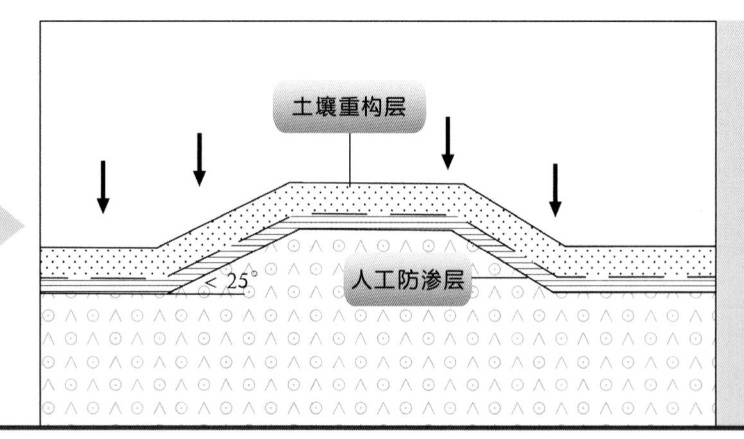

高原土壤重构技术图片

通过对采坑上部台阶削坡，对渣山削坡整形、碾压，将边坡平台和渣山塑造为稳定的种床，以保证在蓄水状态下上部边坡的稳定，构建成相对能保水、保温的人工防渗层。在其上进行覆土，通过利用渣土、含有机质的沙泥质添加物，即使用当地羊板粪作为添加物和有机肥等进行土壤重构，为下一步种草复绿提供了较好的土壤条件。

高原土壤重构

4.1 关键技术

高原植被重建技术图片

在土壤重构的基础上，进行高原植被复绿。高原植被复绿技术包括选种、施肥整地、拌种、播种、耙耱镇压、铺设无纺布、围栏封育等。植被复绿的技术模式为：地貌重塑+土壤重构+复绿播种+覆盖无纺布+围栏封育+后期管护。

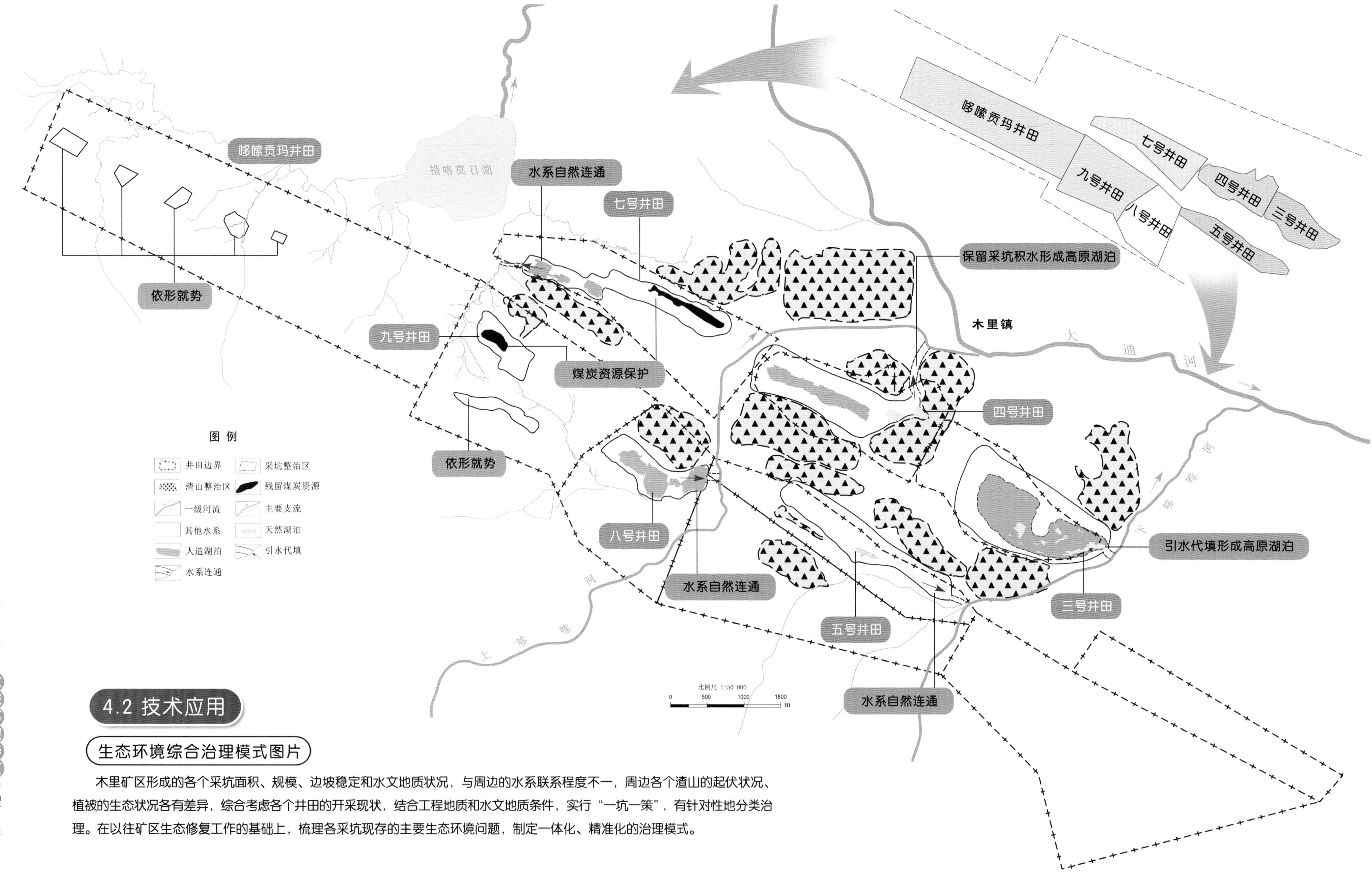

4.2 技术应用

生态环境综合治理模式图片

木里矿区形成的各个采坑面积、规模、边坡稳定和水文地质状况，与周边的水系联系程度不一，周边各个渣山的起伏状况、植被的生态状况各有差异，综合考虑各个井田的开采现状，结合工程地质和水文地质条件，实行“一坑一策”，有针对性地分类治理。在以往矿区生态修复工作的基础上，梳理各采坑现存的主要生态环境问题，制定一体化、精准化的治理模式。

4.2 技术应用

生态环境综合治理效果图片

从整个矿区生态环境系统来看，本次一体化整治过程兼顾人类活动对生态环境的扰动和破坏，已达到整个矿区生态环境得以最大限度修复，并与矿区周边自然环境和生态系统相融合。

5 初步治理效果对比

聚乎更区三号井治理效果对比图片

聚乎更区三号井治理效果对比图片

聚乎更区三号井治理效果对比图片

治理前

治理后

聚乎更区三号井治理效果对比图片

治理中

出苗后

治理前

治理中

聚乎更区三号井治理效果对比图片

出苗后

治理前

治理后

聚乎更区三号井治理效果对比图片

出苗后

聚乎更区三号井治理效果对比图片

治理前

治理中

聚乎更区三号井治理效果对比图片

聚乎更区三号井采坑、渣山治理范围总面积为1168.84万m²，进行露天采矿，形成了一个采坑和两座渣山。采坑长3.23km，宽1.47km，坑内形成三个水坑，水量较少。采坑排渣沿采坑周边形成两座渣山。

聚乎更区三号井采用的是高危渣山降高减载和边坡减坡+关键层再造+土壤重构+植被恢复+引水代填的修复治理模式。

聚乎更区三号井采坑、渣山施工治理阶段，完成土石方工程量为127.07万m³，针对采坑两侧的边坡的不稳定岩块进行清理，保留现有多级台阶的坡形。依据坑底西低东高的地形条件，西侧就势平整，东侧回填并对坑底裸露煤层露头进行回填封堵，坑底整体形成一个由西向东抬高的阶梯形态，实现了地貌景观重塑，与周边相统一协调的治理目标。

聚乎更区三号井覆土复绿工程阶段，共完成复绿面积合计3919亩，共69个图斑，其中平地3775亩，坡地144亩。所有已播种的图斑均已出苗，且长势良好。根据生态修复效果监测，每平方米平均出苗数为13840株，平均覆盖度为86%，远超设计考核指标要求。

聚乎更区四号井治理效果对比图片

聚乎更区四号井治理效果对比图片

治理前

治理中

治理后

出苗后

治理前

出苗后

出苗后

出苗后

治理前

治理中

治理中

聚乎更区四号井治理效果对比图片

治理后

治理后
聚乎更区四号井治理效果对比图片
治理前
出苗后

聚乎更区四号井治理效果对比图片

治理前

治理中

出苗后

聚乎更区四号井采坑、渣山治理范围总面积为1670.31万m²，露天开采形成了一个采坑，采坑长3.73km，宽1.05km，开采深度180~200m，坑内积水深度为42.63m。采坑周边渣山有三处，分别位于采坑东侧、南侧和天木公路北侧。采坑边坡陡、高，北坡西端岩石较破碎，存在坍塌情况。南侧渣山存在大面积滑坡。

聚乎更区四号井采用高危渣山降高减载和边坡减坡+关键层再造+土壤重构+植被恢复+积水采坑整治形成高原湖泊的修复治理模式。

聚乎更区四号井采坑、渣山施工治理阶段，完成土石方工程量为916.03万m³，经过了南侧渣山削顶减载、东段采坑回填压脚、坑壁边坡清理等。本次采坑整治完成后，南北边坡与坑底形成一个整体，采坑内积水保持现状，积水满后自然与原河道连通流出，同时也为覆土复绿提供基础条件。

聚乎更区四号井覆土复绿工程阶段，复绿面积合计4271亩，共43个图斑，其中就地翻耕区面积318亩，覆土面积为3514亩。所有已播种的图斑均已出苗，且长势良好。根据生态修复效果监测，每平方米平均出苗数12900株，平均覆盖度为84%，远超设计考核指标要求。

聚乎更区五号井治理效果对比图片

聚乎更区五号井治理效果对比图片

治理前
治理中
聚乎更区五号井治理效果对比图片
治理后
出苗后

治理后

治理前

出苗后

聚乎更区五号井治理效果对比图片

聚乎更区五号井治理效果对比图片
治理前
治理中
治理后

聚乎更区五号井治理效果对比图片

治理中

出苗后

聚乎更区五号井治理效果对比图片

治理前

治理中

治理后

聚乎更区五号井治理效果对比图片

聚乎更区五号井治理效果对比图片

治理中

治理后

聚乎更区五号井采坑、渣山治理范围总面积为634万m²，露天开采形成了东、西两个采坑。采坑总长4.05km，宽0.62km，开采深度为40~150m，坑口面积为171.53万m²，采坑容积为6704万m³。周边渣山有三处，总面积为293.95万m²，总体积为6722万m³。

聚乎更区五号井采用高危渣山降高减载和边坡减坡+梯田台阶再造+关键层再造+土壤重构+植被恢复的修复治理模式。

出苗后

聚乎更区五号井治理效果对比图片

聚乎更区五号井采坑、渣山施工治理阶段，完成土石方工程量为1408.55万m^3，经过施工实现了降高、降坡，消除了渣山不稳定斜坡，斜坡高度、斜坡坡度，平台宽度、斜坡分级高度、斜坡平整度、斜坡顺直度均达到要求。渣山基岩边帮危岩、浮石及松散堆积物已基本清理完成，达到了渣山边帮安全稳定的要求。坑底进行了压实回填平整，由西向东形成了台阶状缓斜坡，有利于地表水径流排泄，实现了工程预期目标，同时土壤重构所需泥岩也做了较充分储备，为覆土和种草复绿打下了基础。

聚乎更区五号井覆土复绿工程阶段，共完成复绿面积合计4881亩，共48个图斑，其中就地翻耕区面积为1232亩，覆土面积为3745亩。所有已播种的图斑均已出苗，且长势良好。根据生态修复效果监测，每平方米平均出苗数为14938株，平均覆盖度为85%，远超设计考核指标要求。

治理后

治理中

出苗后

聚乎更区七号井治理效果对比图片

聚乎更区七号井治理效果对比图片

聚乎更区七号井治理效果对比图片
治理前
治理后

治理前

治理中

治理后

治理前
治理中
聚乎更区七号井治理效果对比图片
治理后

聚乎更区七号井治理效果对比图片

聚乎更区七号井治理效果对比图片

治理前

治理中

出苗后

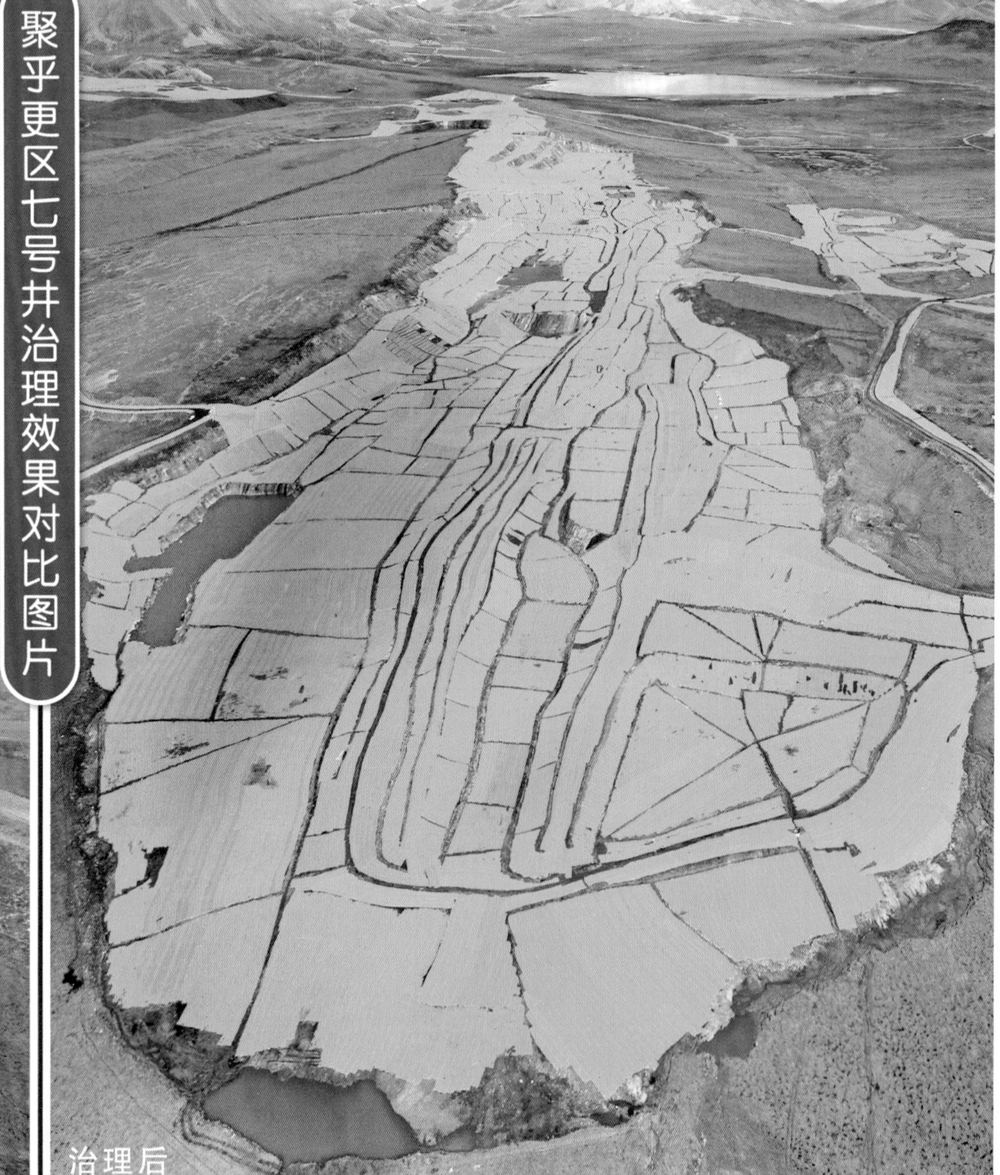
治理后

聚乎更区七号井采坑、渣山治理范围总面积为991.53万m²，露天开采形成东西长约3.4～4.4km，南北宽1.3～2.5km的采坑。主要环境问题为不稳定边坡、采坑积水、渣石占地与草甸破坏、冻融侵蚀四种主要类型，另外还有裸露煤层等问题。

聚乎更区七号井采用高危渣山降高减载和边坡减坡+关键层再造+土壤重构+植被恢复+积水采坑整治形成高原湖泊的修复治理模式。

聚乎更区七号井治理效果对比图片

聚乎更区七号井采坑、渣山施工治理阶段，完成土石方工程量为199.4万m³，实现了煤炭资源保护。采坑边坡平整，放缓，渣山削坡、减载均已符合要求，渣山基岩边帮危岩、浮石及松散堆积物全部清理完毕，实现渣山边坡安全稳定的目标，坑底回填平整，西侧采坑削坡整形不陡于25°，达到了工程预期目标，为覆土和种草复绿打下了基础。

聚乎更区七号井覆土复绿工程阶段，共完成复绿面积合计4317.08亩，共46个图斑，其中就地翻耕区面积为344.21亩，覆土面积为3972.87亩。所有已播种的图斑均已出苗，且长势良好。根据生态修复效果监测，每平方米平均出苗数为8978株，平均覆盖度为94%，远超设计考核指标要求。

聚乎更区八号井治理效果对比图片

治理前

治理中

聚乎更区八号井治理效果对比图片

治理后

聚乎更区八号井治理效果对比图片

聚乎更区八号井采坑、渣山治理范围总面积为511.99万m^2，露天开采形成了一个西北—东南—东走向的窄长形矿坑，矿坑宽约0.56km，长约2.06km，坑底至地表相对高差25～87m，西北—东南方向坑底平面呈西北高东南低之势，相差近10m，由西向东矿坑坑底呈中部高东西两端低之势，西段高差为15m，东段高差为23m。同时，开采形成多处积水点，积水水深为28m，体积为509.39万m^3。

聚乎更区八号井采用高危渣山降高减载和边坡减坡+关键层再造+土壤重构+植被恢复+积水采坑整治形成高原湖泊的修复治理模式。

5 初步治理效果对比

聚乎更区八号井采坑、渣山施工治理阶段，完成土石方工程量为191.19万m^3，实现了采坑边坡平整、放缓，渣山削坡减载，基岩边帮危岩、浮石及松散堆积物清理，实现渣山边坡安全稳定，与周边景观协调一致的目标，达到了工程预期目标，为覆土和种草复绿打下了基础。

聚乎更区八号井覆土复绿工程阶段，共完成复绿面积合计1383亩，共53个图斑，其中就地翻耕区面积185亩，覆土面积1198亩。所有已播种的图斑均已出苗，且长势良好。根据生态修复效果监测，每平方米平均出苗数为17313株，平均覆盖度为92%，远超设计考核指标要求。

治理前

聚乎更区八号井治理效果对比图片

治理中

出苗后

聚乎更区九号井治理效果对比图片

治理前

治理中

聚乎更区九号井治理效果对比图片

治理后

聚乎更区九号井治理效果对比图片

聚乎更区九号井治理效果对比图片

聚乎更区九号井治理效果对比图片

聚乎更区九号井采坑、渣山治理范围总面积为726.65万m^2，露天开采形成北翼采坑区、北东凹槽、中部剥表区、南侧挖坑区和南翼采坑群。北部采区由三个渣山和多个采坑组成，规模大小、深浅不一。南部采区主要由南挖坑区、南渣山群和南采坑群组成。

聚乎更区九号井采用高危渣山降高减载和边坡减坡+关键层再造+土壤重构+植被恢复的修复治理模式。

治理中

聚乎更区九号井治理效果对比图片

聚乎更区九号井采坑、渣山施工治理阶段，完成土石方工程量为447.88万m^3，实现了煤炭资源保护，采坑边坡平整、放缓，渣山削坡，基岩边帮危岩、浮石及松散堆积物清理，实现采坑、渣山边坡安全稳定的目标，坑底回填平整，边坡坡度符合设计要求，达到了工程预期目标，为覆土和种草复绿打下了基础。

聚乎更区九号井覆土复绿工程阶段，共完成复绿面积合计1544亩，共31个图斑，其中就地翻耕区面积为341亩，覆土面积为1203亩。所有已播种的图斑均已出苗，且长势良好。根据生态修复效果监测，每平方米平均出苗数为11247株，平均覆盖度为78%，远超设计考核指标要求。

出苗后

哆嗦贡玛区矿井治理效果对比图片

哆嗦贡玛矿区采坑、渣山治理范围总面积为52.26万m²，露天开采形成5个采坑。

本次采用高危渣山降高减载和边坡减坡+关键层再造+土壤重构+植被恢复的修复治理模式。

哆嗦贡玛区矿井治理效果对比图片

出苗后

第一阶段为采坑、渣山施工治理阶段，完成土石方工程量为99.52万m^3，实现了采坑边坡平整、放缓，渣山削坡，基岩边帮危岩、浮石及松散堆积物清理，实现采坑、渣山边坡安全稳定的目标，采坑渣山就地平整与周边景观相协调一致。第二阶段为覆土复绿工程阶段，共完成复绿面积合计1383亩，共19个图斑，其中就地翻耕区面积为1125亩，覆土面积为132亩，直接复绿面积为126亩。所有已播种的图斑均已出苗，且长势良好。根据生态修复效果监测，每平方米平均出苗数为11939株，平均覆盖度为78%，远超设计考核指标要求。

木里矿区治理效果对比图片

治理中

木里矿区治理效果对比图片

治理后

6 三边工作与检查验收

6.1 三边工作

开工仪式

2020年8月31日，木里矿区以及祁连山南麓青海片区生态环境综合整治三年行动启动，木里矿区综合治理大幕拉开。

6.1 三边工作

三边工作

中国煤炭地质总局高度重视，精心组织，周密安排，各级领导专家多次赴现场检查督导，为工程的安全高效完成提供了坚实的组织保障。

6.1 三边工作

6.1 三边工作

6.1 三边工作

木里矿区生态整治项目一标段聚乎更矿区三号井治理前后对比图
开采现状三维高分遥感图
生态环境治理恢复效果图
木里矿区生态整治项目一标段聚乎更矿区四号井治理前后对比图
开采现状三维高分遥感图
毕洪波
中国煤地

6.1 三边工作

6.1 三边工作

6.1 三边工作

2020年9月木里矿区采坑、渣山治理一体化设计评审会

6.2 检查验收

2020年9月木里矿区采坑、渣山治理一体化设计评审会

6.2 检查验收

2021年4月木里矿区渣土改良与覆土复绿设计评审会

2021年5月木里矿区覆土复绿面积调减专家论证会

6.2 检查验收

6.2 检查验收

现场检查

目前第一阶段采坑、渣山地形重塑治理和第二阶段覆土复绿工程均通过了海西州和青海省组织的两级阶段验收。

6.2 检查验收

6.2 检查验收

6.2 检查验收

6.2 检查验收

木里矿区生态修复治理工作得到了各级领导、相关职能部门和科研院所专家和技术人员的现场悉心指导和检查验收。

专家们从技术设计方案、原材料质量和用量、施工工艺关键流程以及试验进展和研究成果认识等多个方面进行了全过程、全时段的技术指导和验收把关，为保证工程质量和效果提供了科学支撑。

6.2 检查验收

6.2 检查验收

6.2 检查验收

6.2 检查验收

6.2 检查验收

6.2 检查验收

2020年12月采坑、渣山治理阶段海西州验收

外部验收

2020年12月29—30日，木里矿区生态整治项目采坑、渣山一体化治理阶段工作顺利通过海西州政府组织的检查验收。

2021年3月24—26日，木里矿区生态整治项目采坑、渣山一体化治理阶段工作顺利通过青海省木里矿区以及祁连山南麓青海片区生态环境综合整治工作领导小组办公室组织的专家验收，并在木里矿区生态整治项目三个标段中获得最佳评价。

6.2 检查验收

2021年9月13—15日，木里矿区生态整治项目种草复绿工程顺利通过青海省林业和草原局会同海西州木里项目现场指挥部、青海省自然资源厅、青海省发改委、青海省财政厅、青海省生态环境厅、青海省水利厅等有关部门组织的省级检查验收。

2021年9月覆土复绿阶段省级验收

6.2 检查验收

党建引领

中国煤炭地质总局作为国内具有核心竞争力的地质与生态文明建设的企业集团坚持遵循自然法则，用实际行动践行绿水青山就是金山银山的习近平生态文明思想理念，为打造生态文明建设高地不懈努力！

附录

聚乎更区三号井无人机航拍序列图

2020.08.25

2020.10.02

2020.11.03

2020.12.06

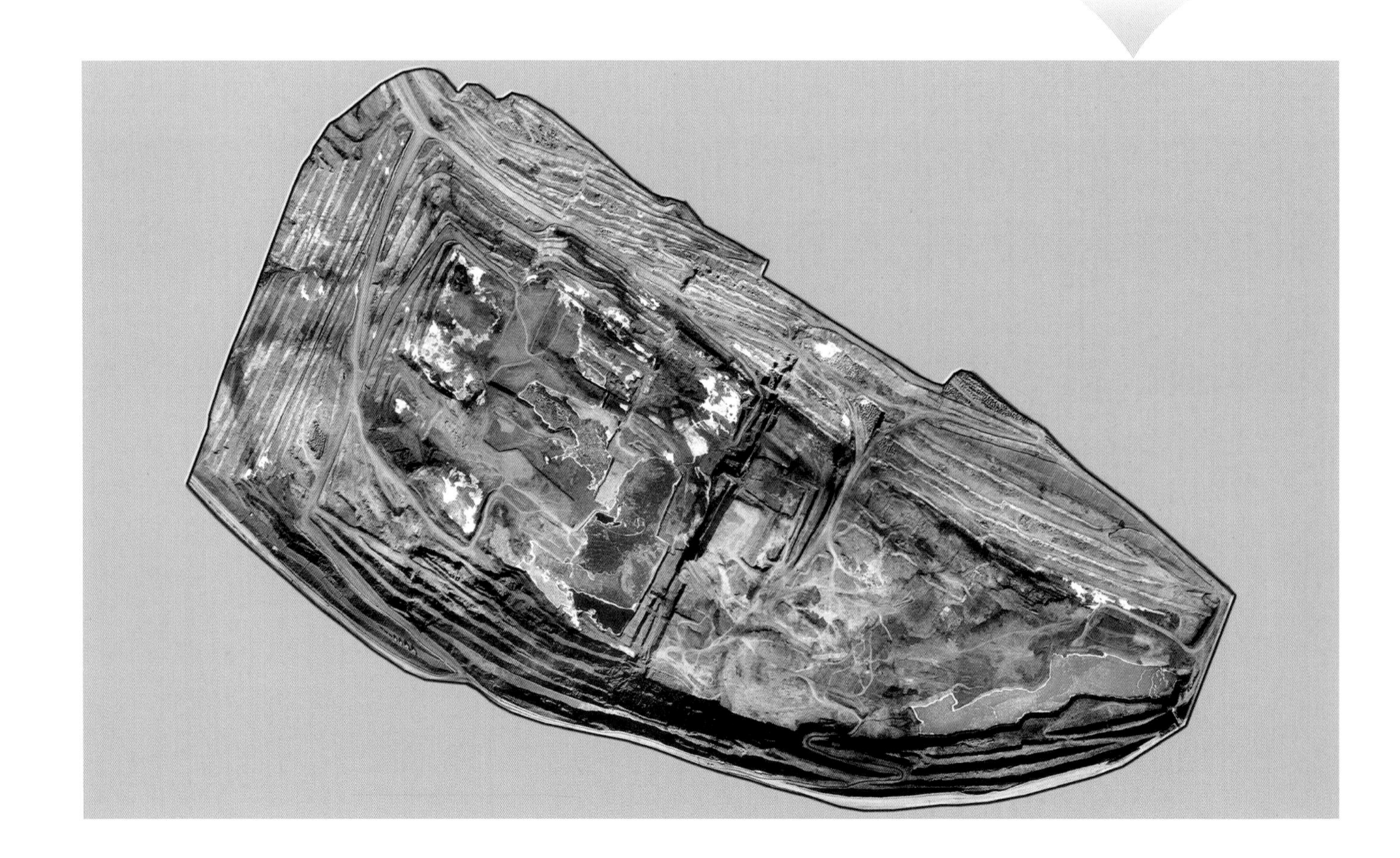

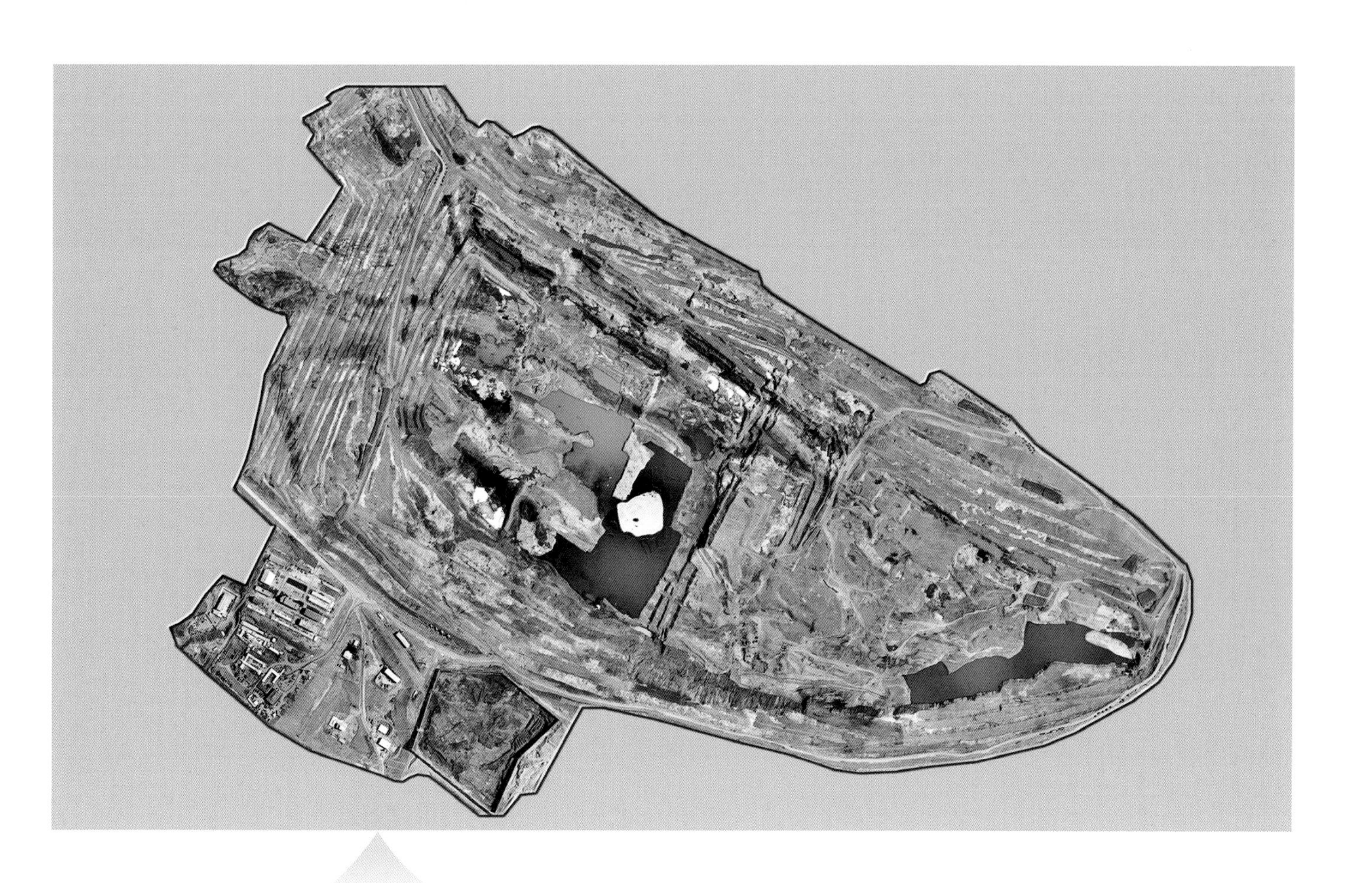

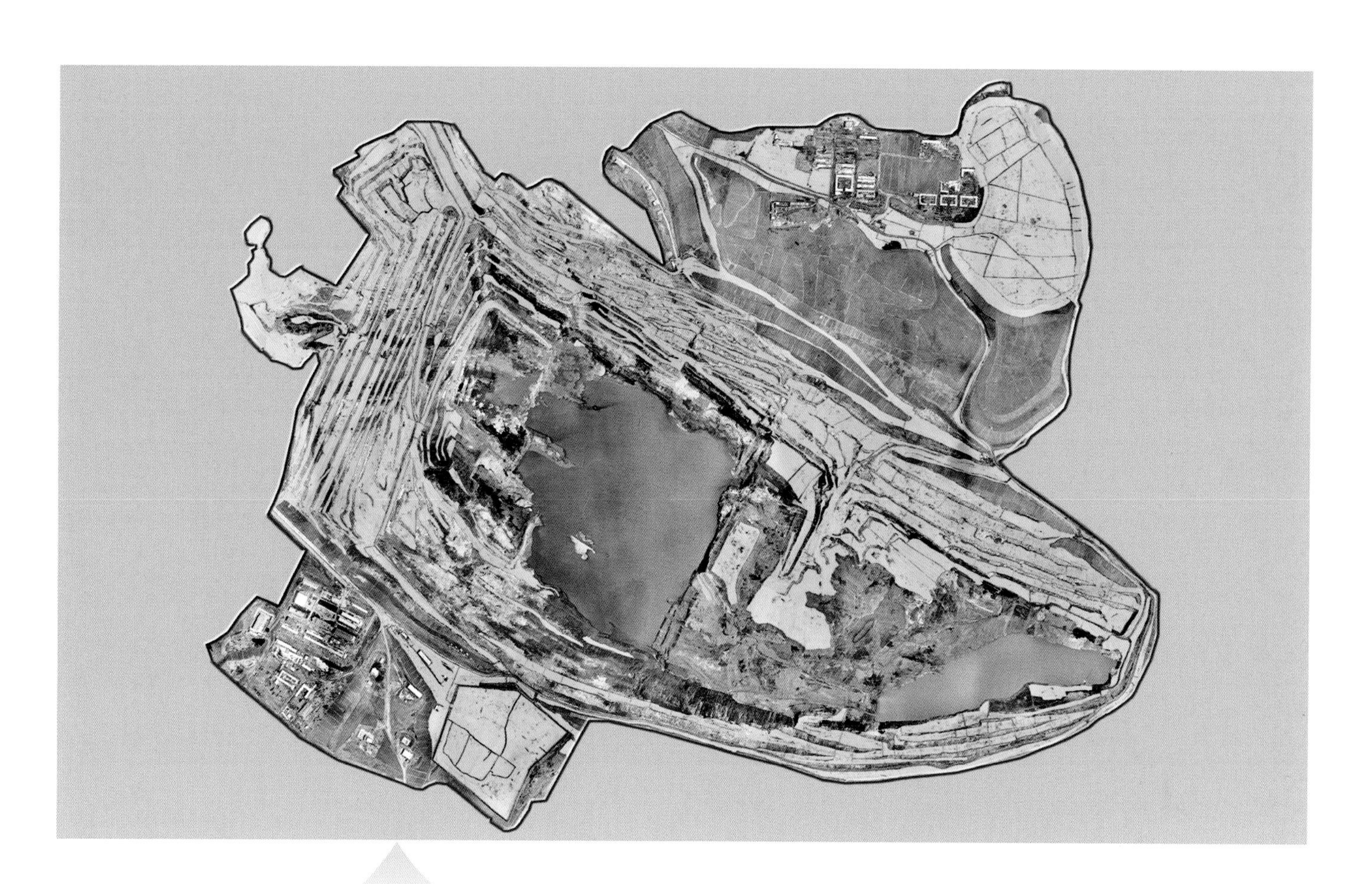

2021.05.27

2021.06.08

2021.07.01

2021.08.24

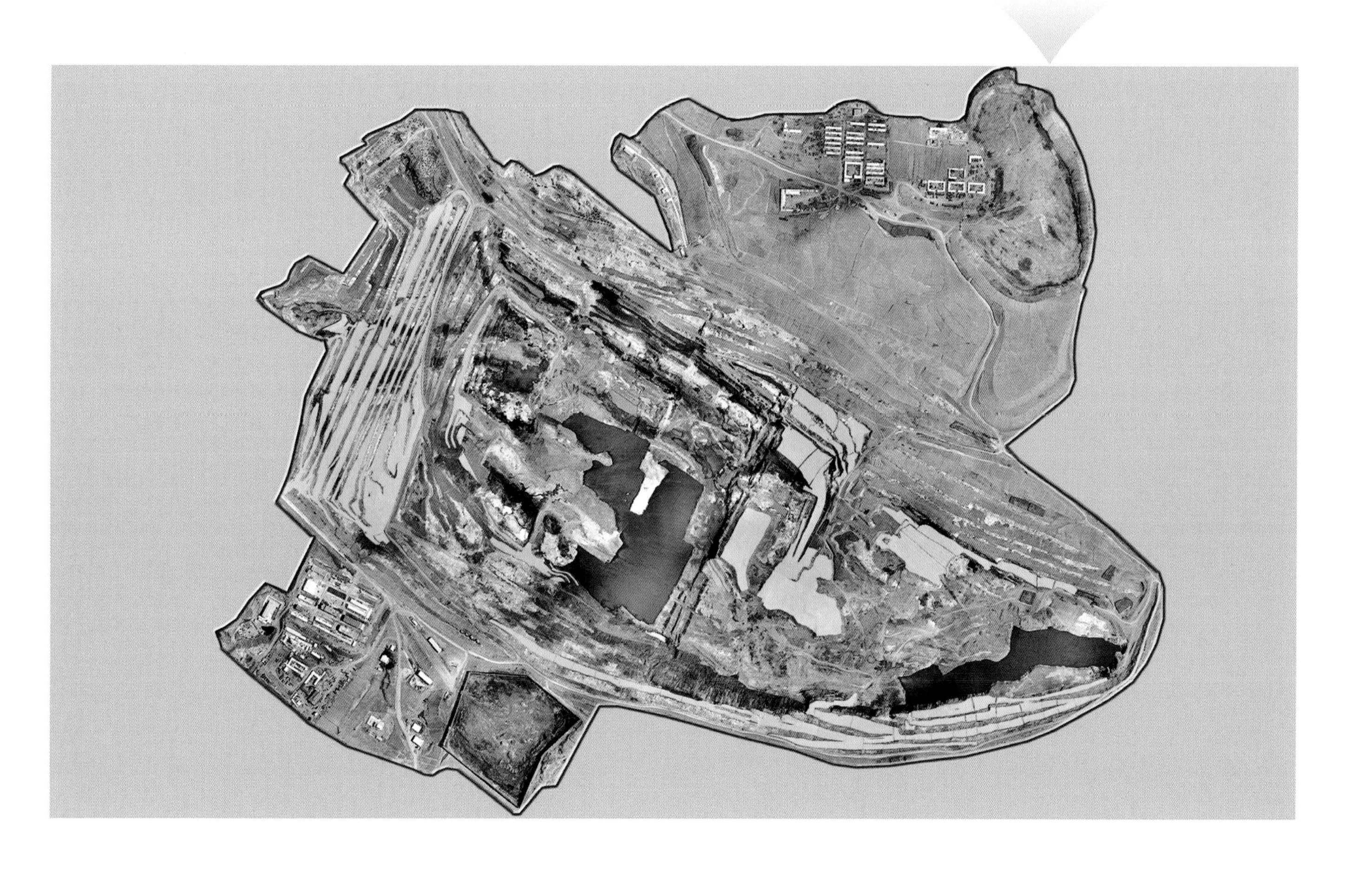

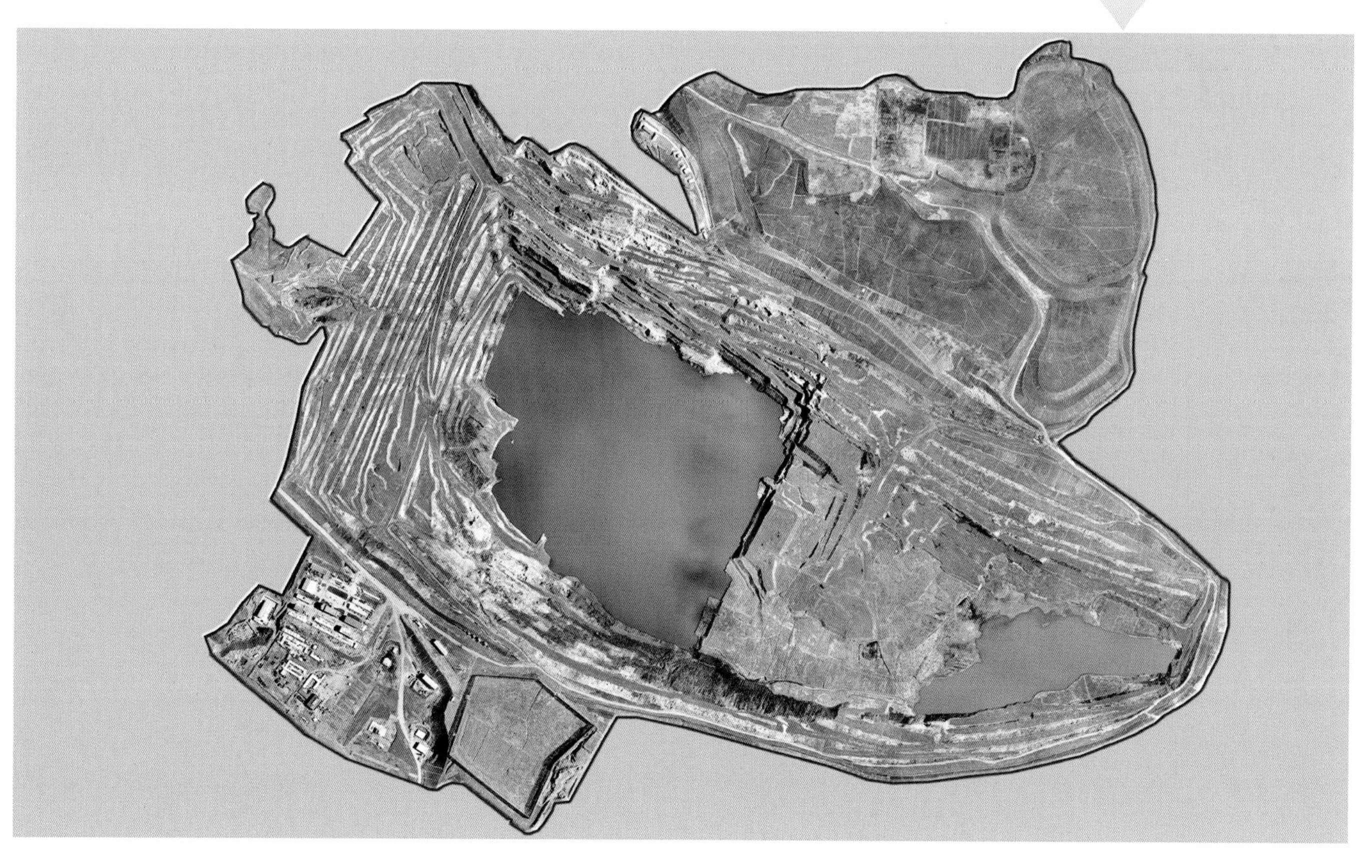

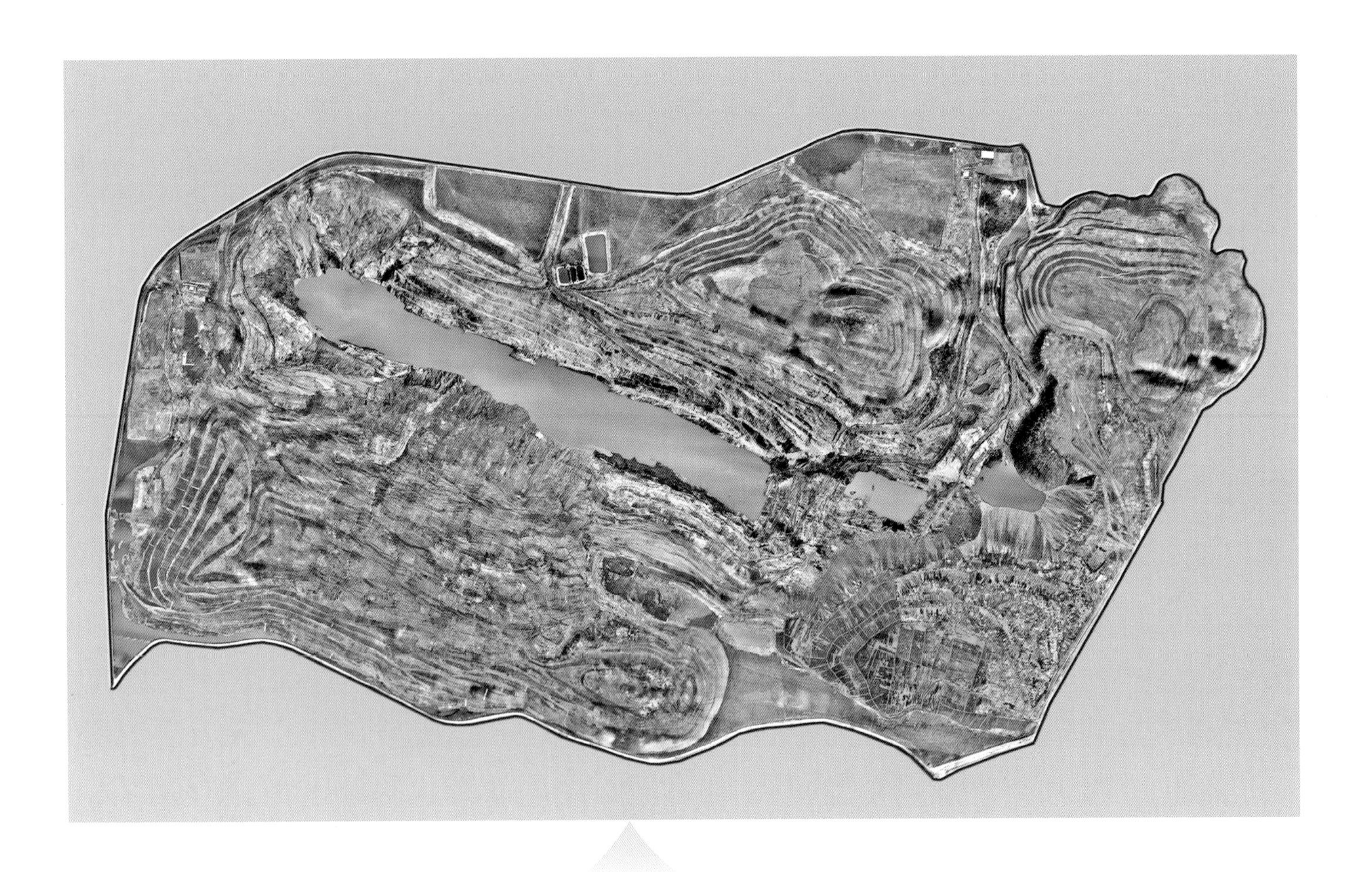

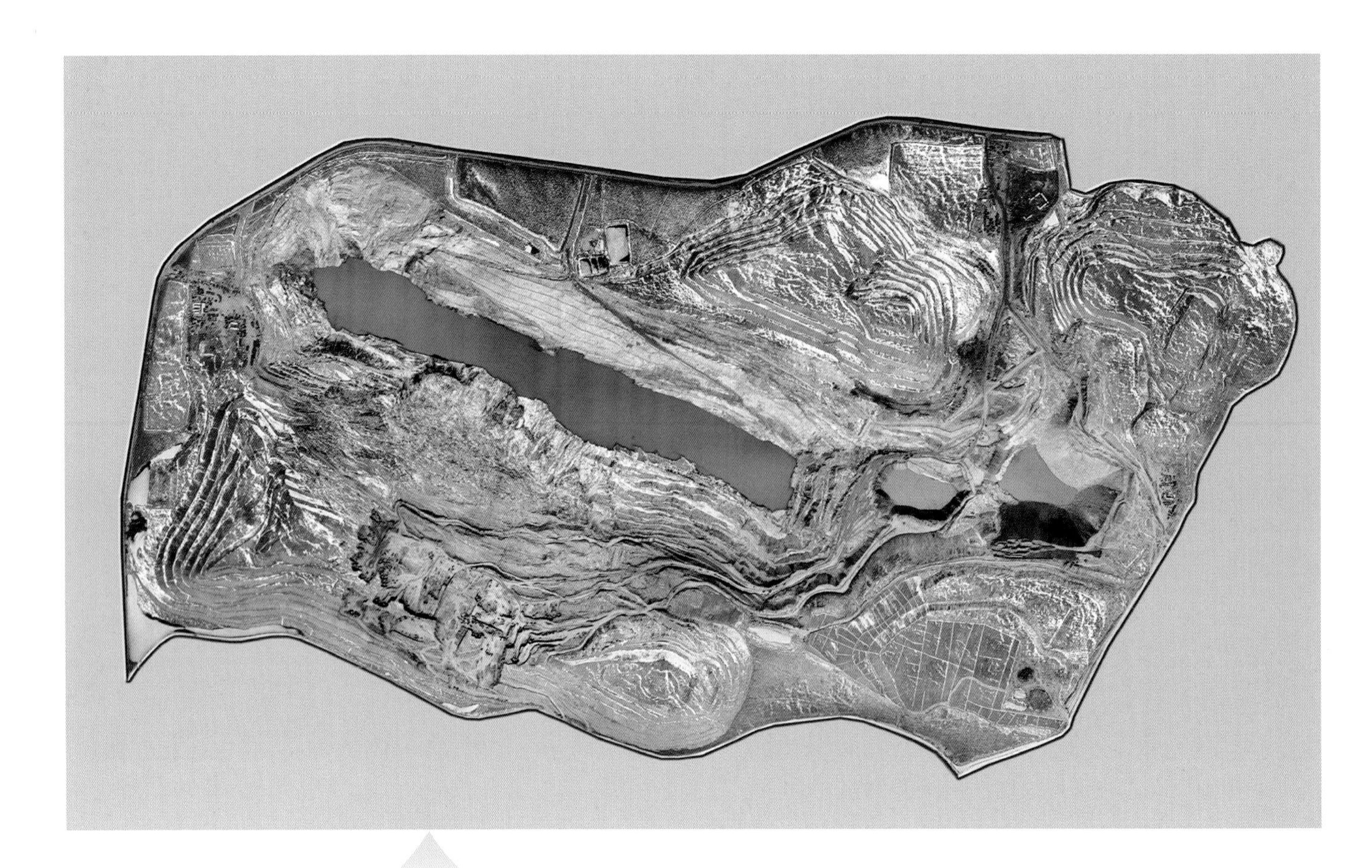

聚乎更区四号井无人机航拍序列图

2020.08.25

2020.10.11

2020.11.02

2020.12.06

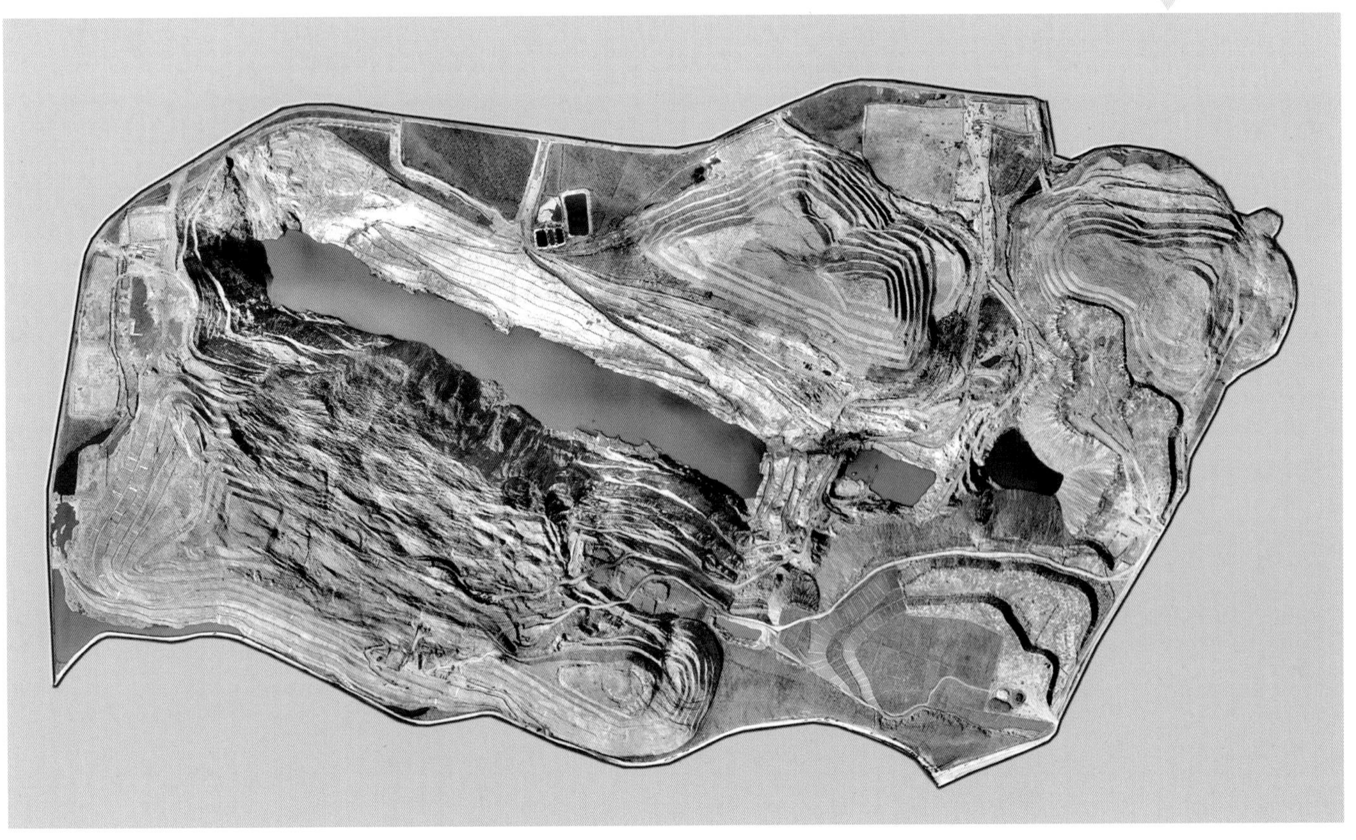

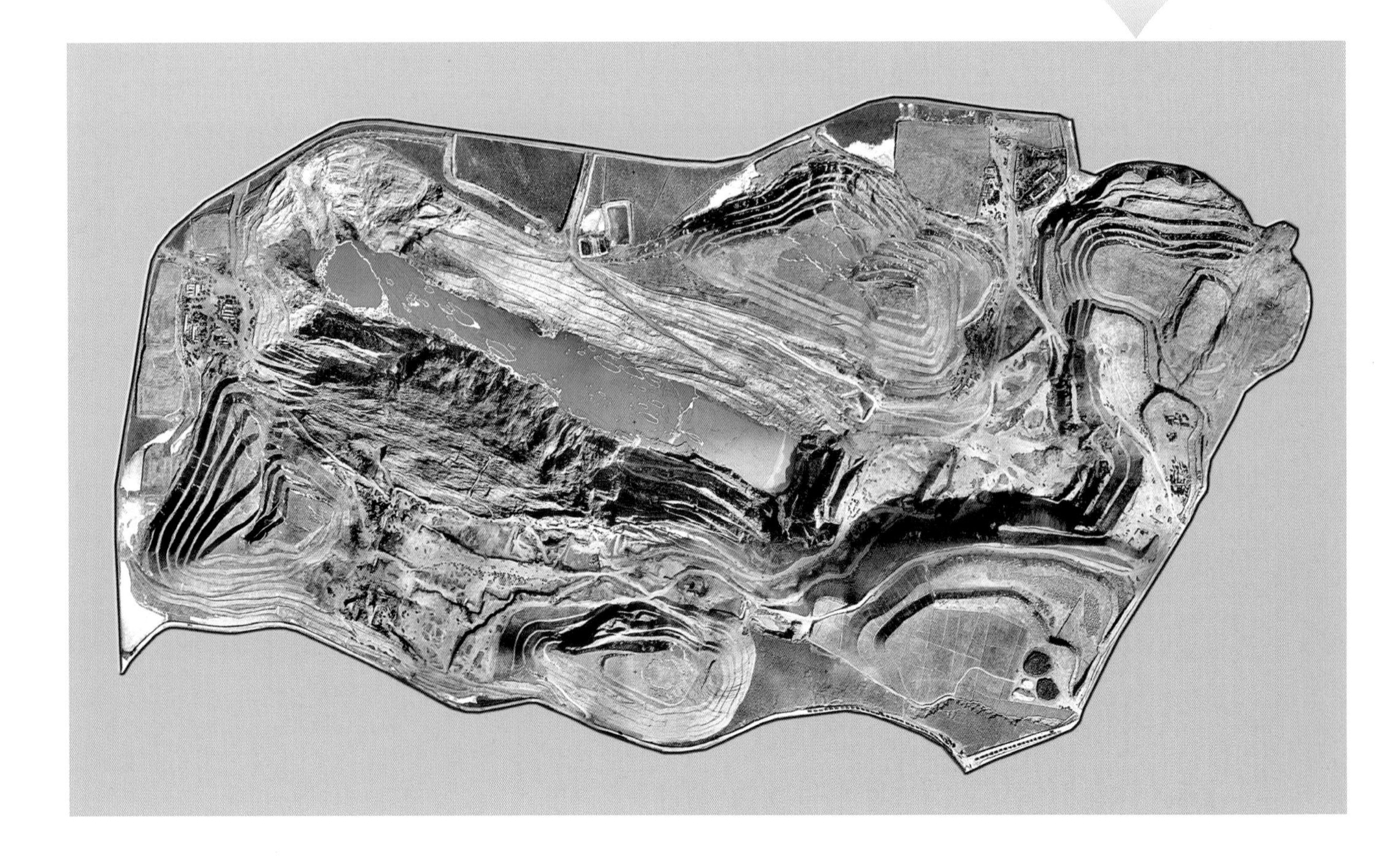

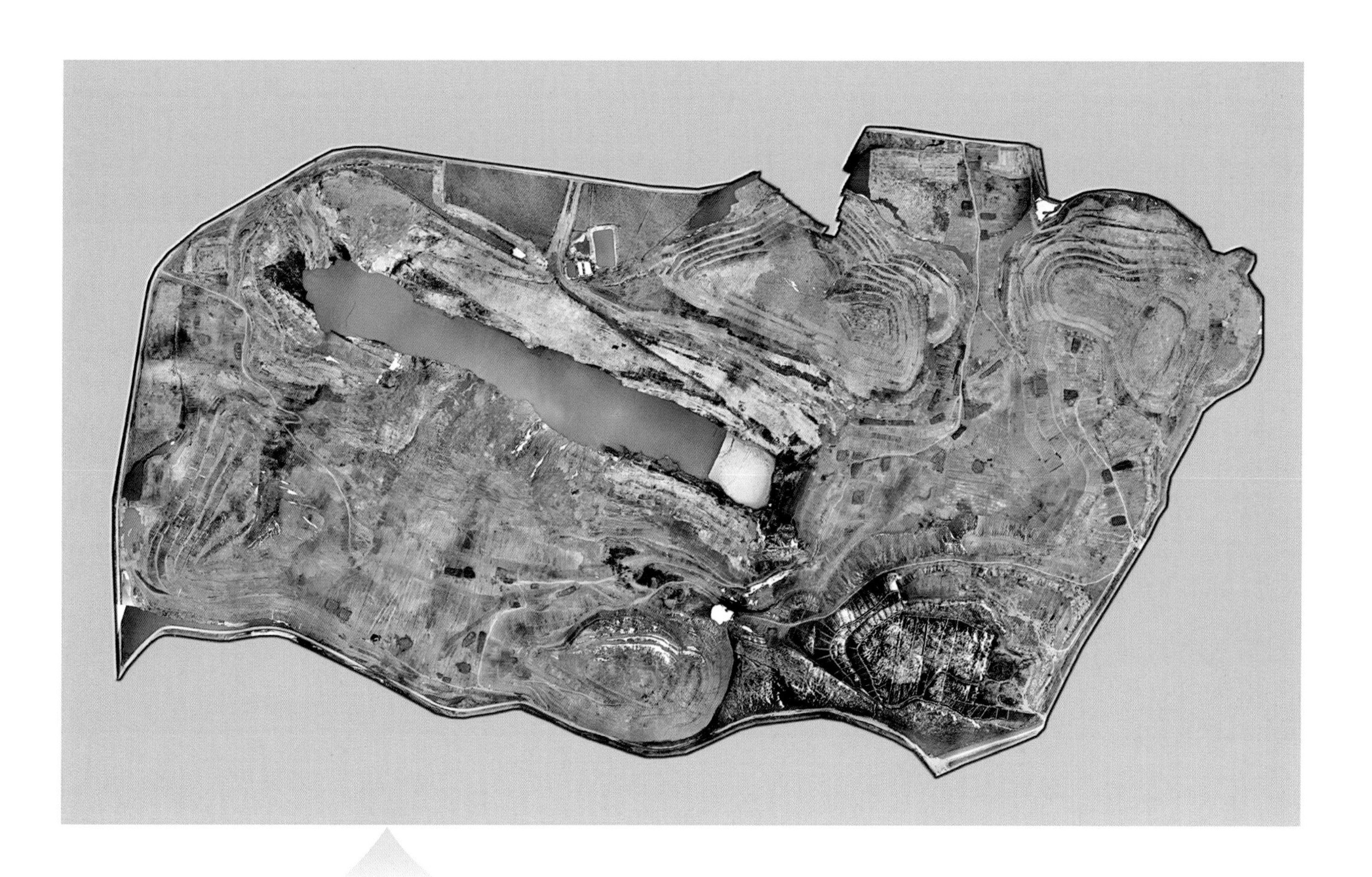

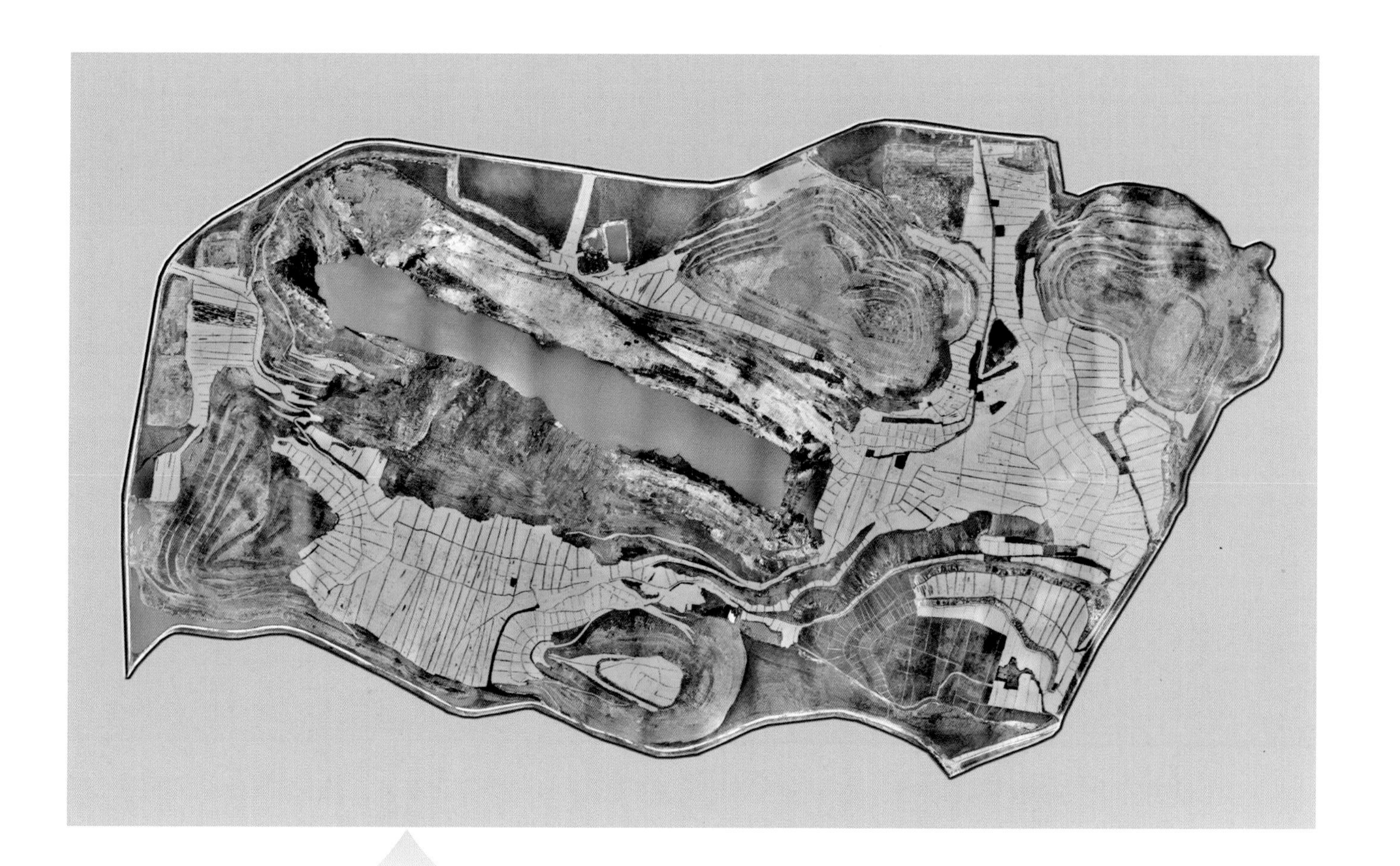

2021.05.25

2021.06.08

2021.07.01

2021.08.24

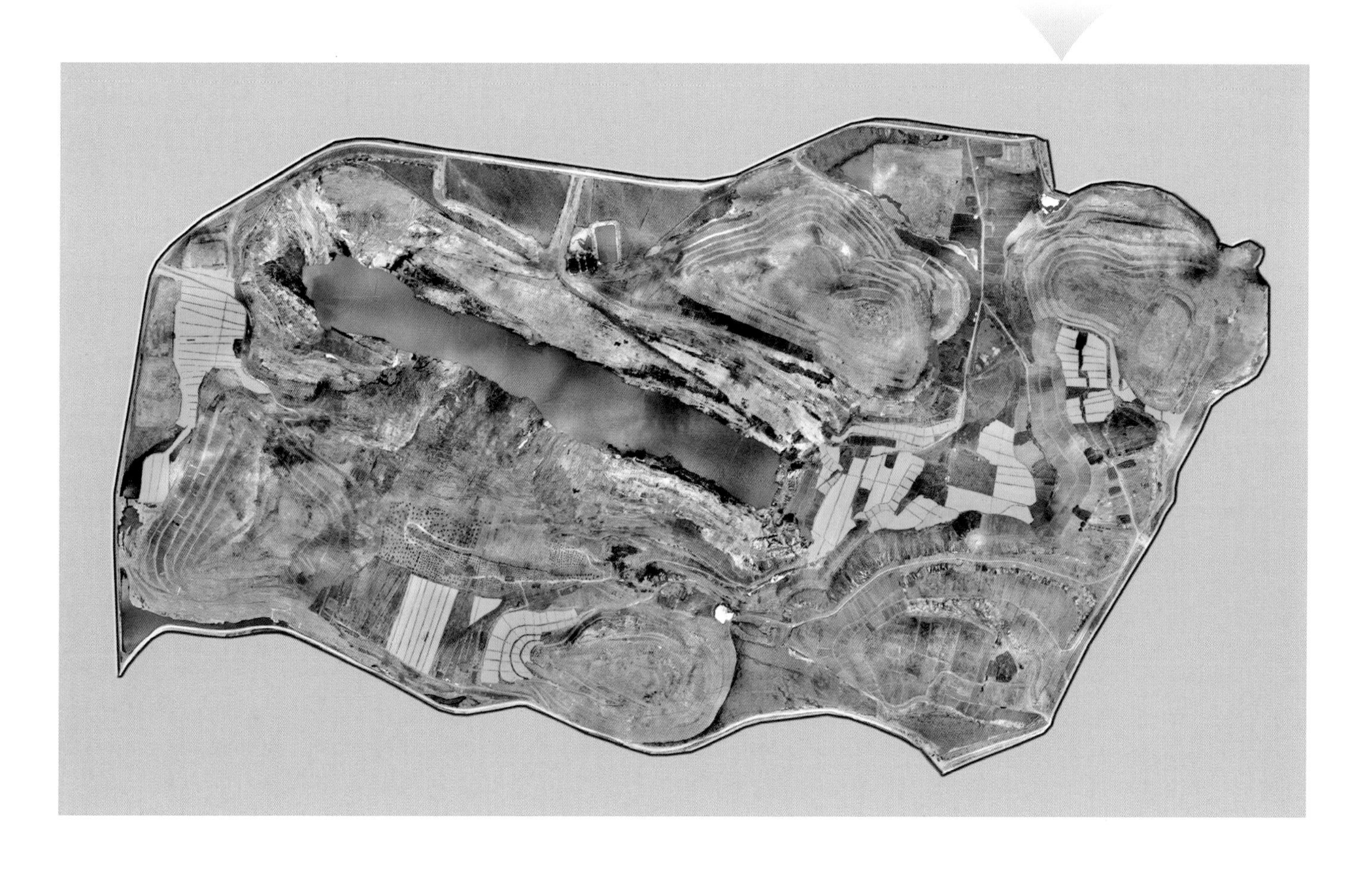

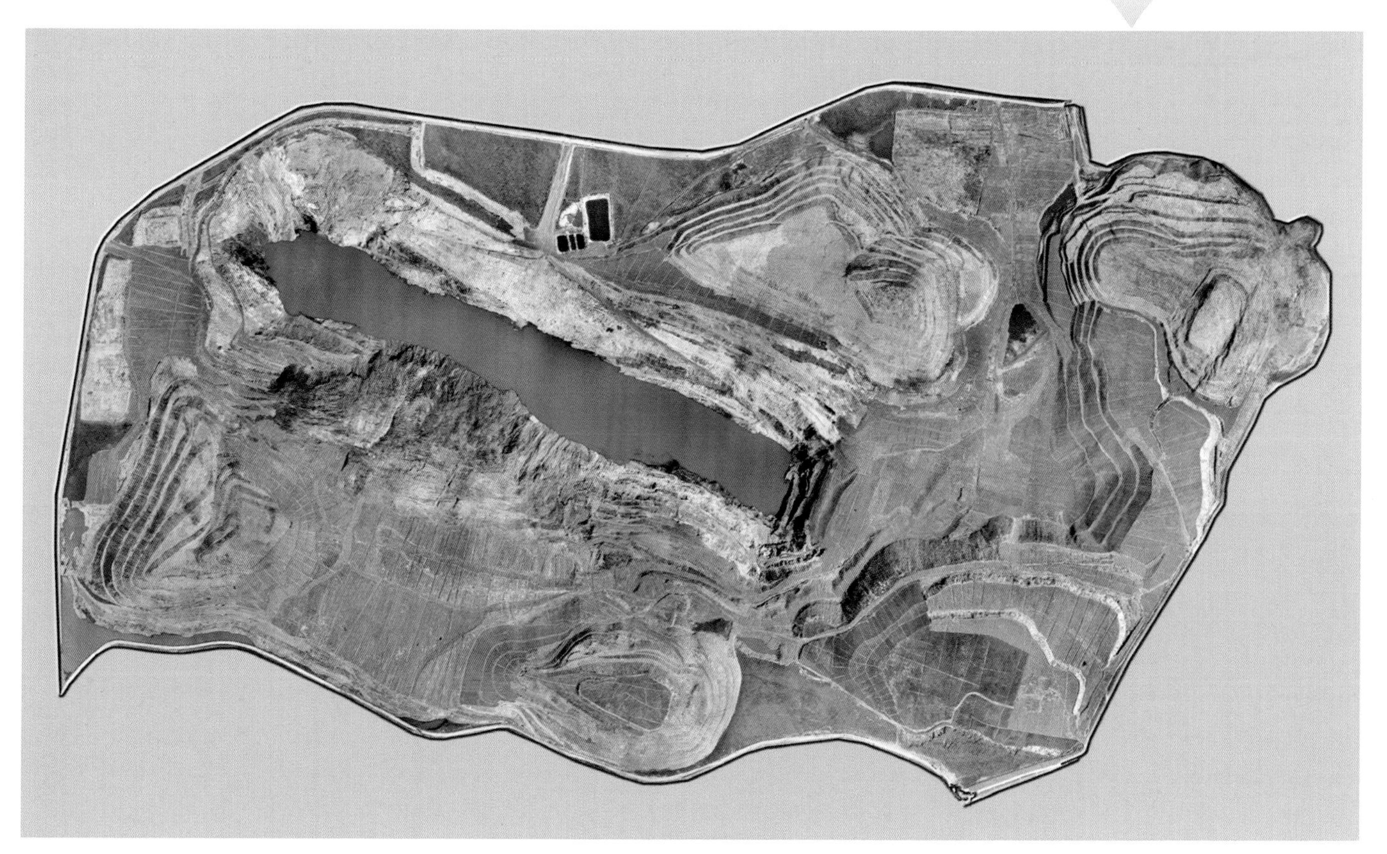

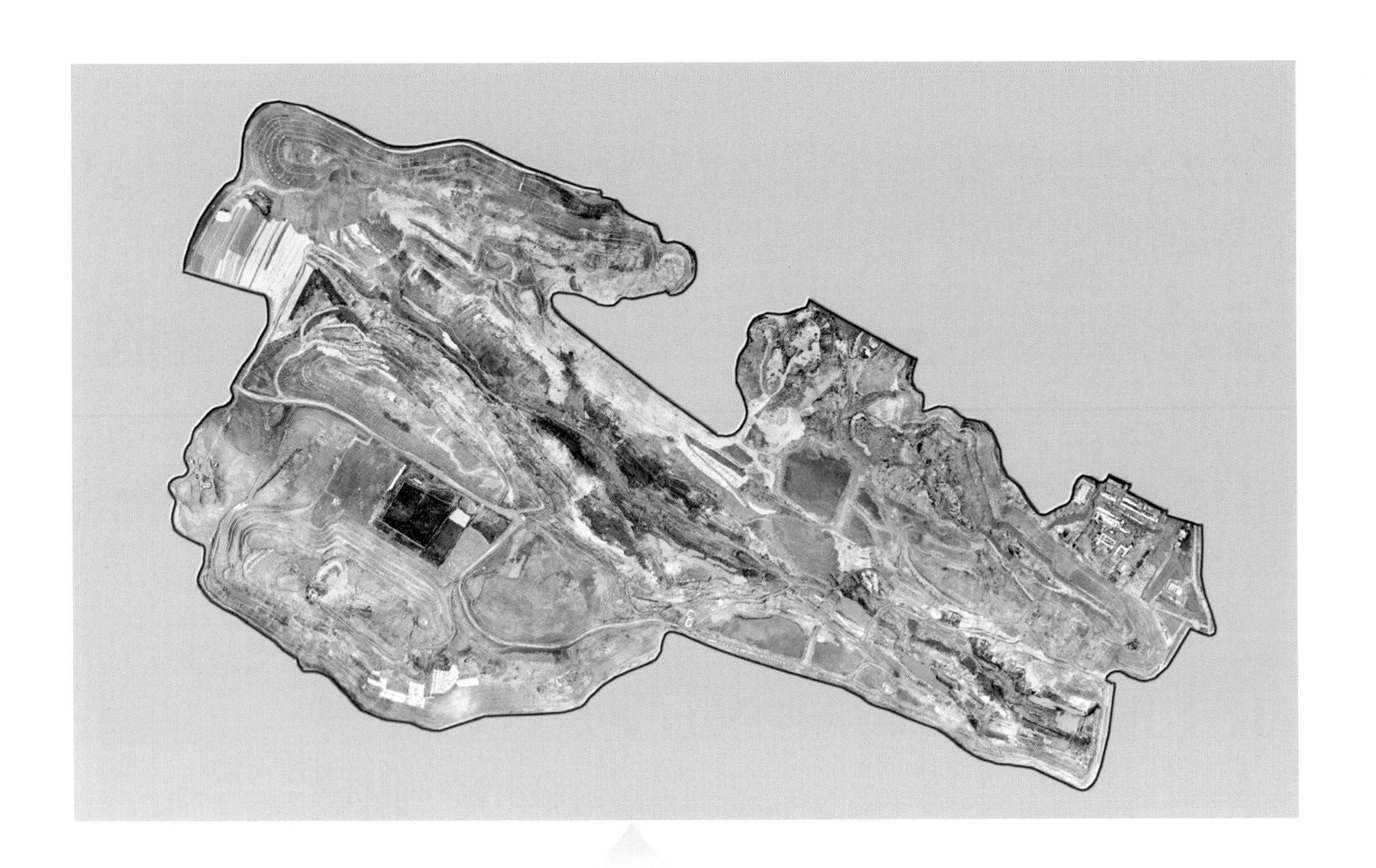

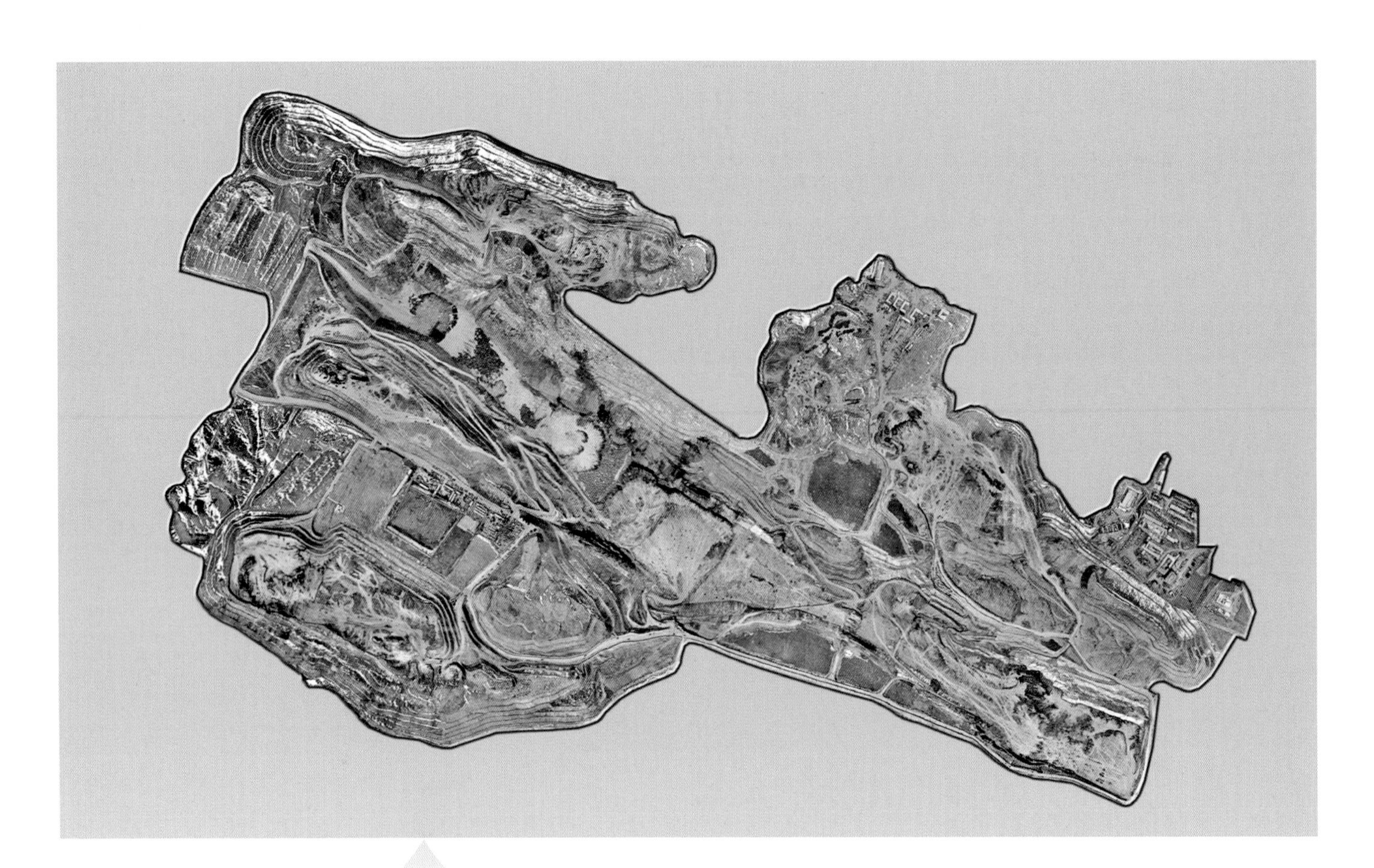

聚乎更区五号井无人机航拍序列图

2020.08.25

2020.10.09

2020.11.04

2020.12.13

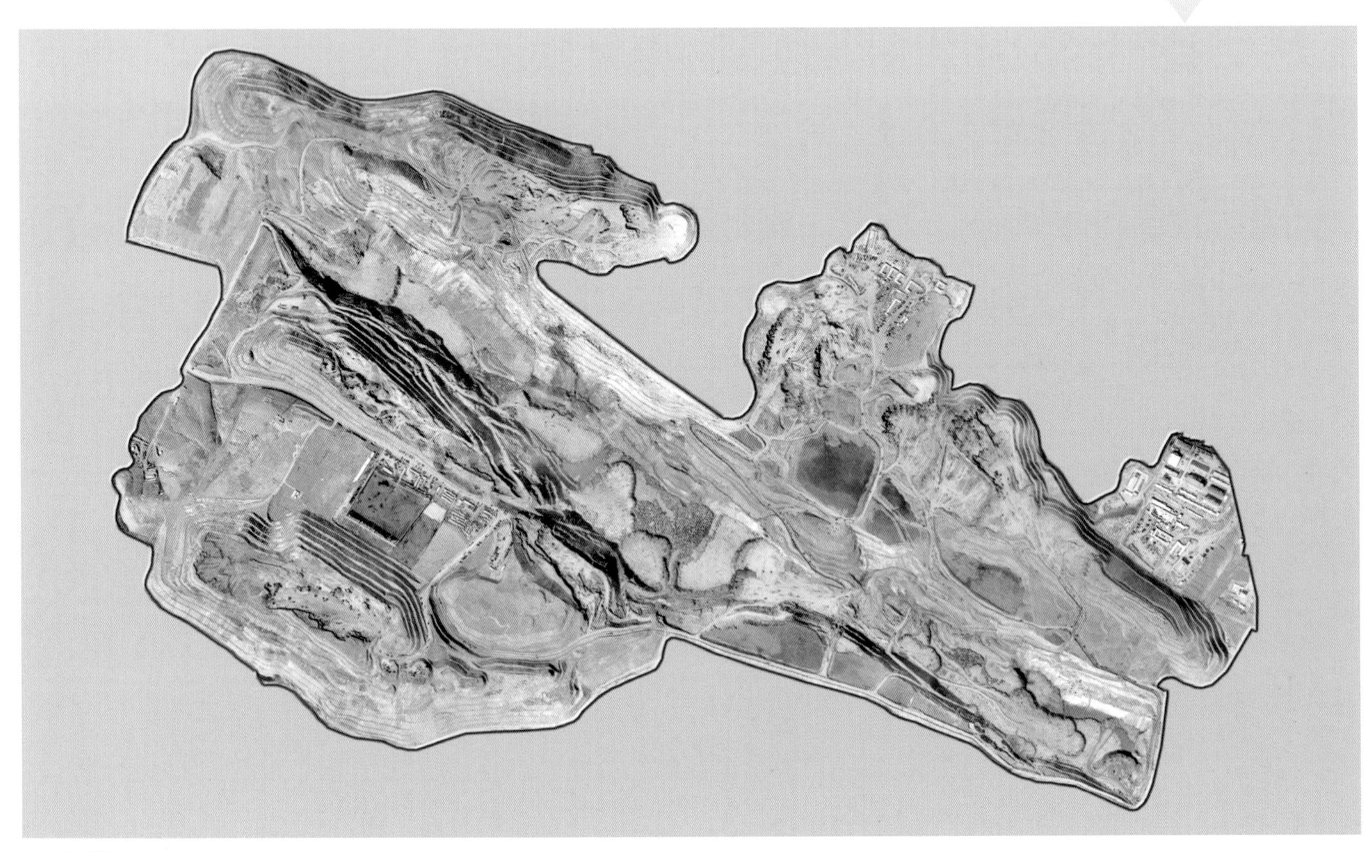

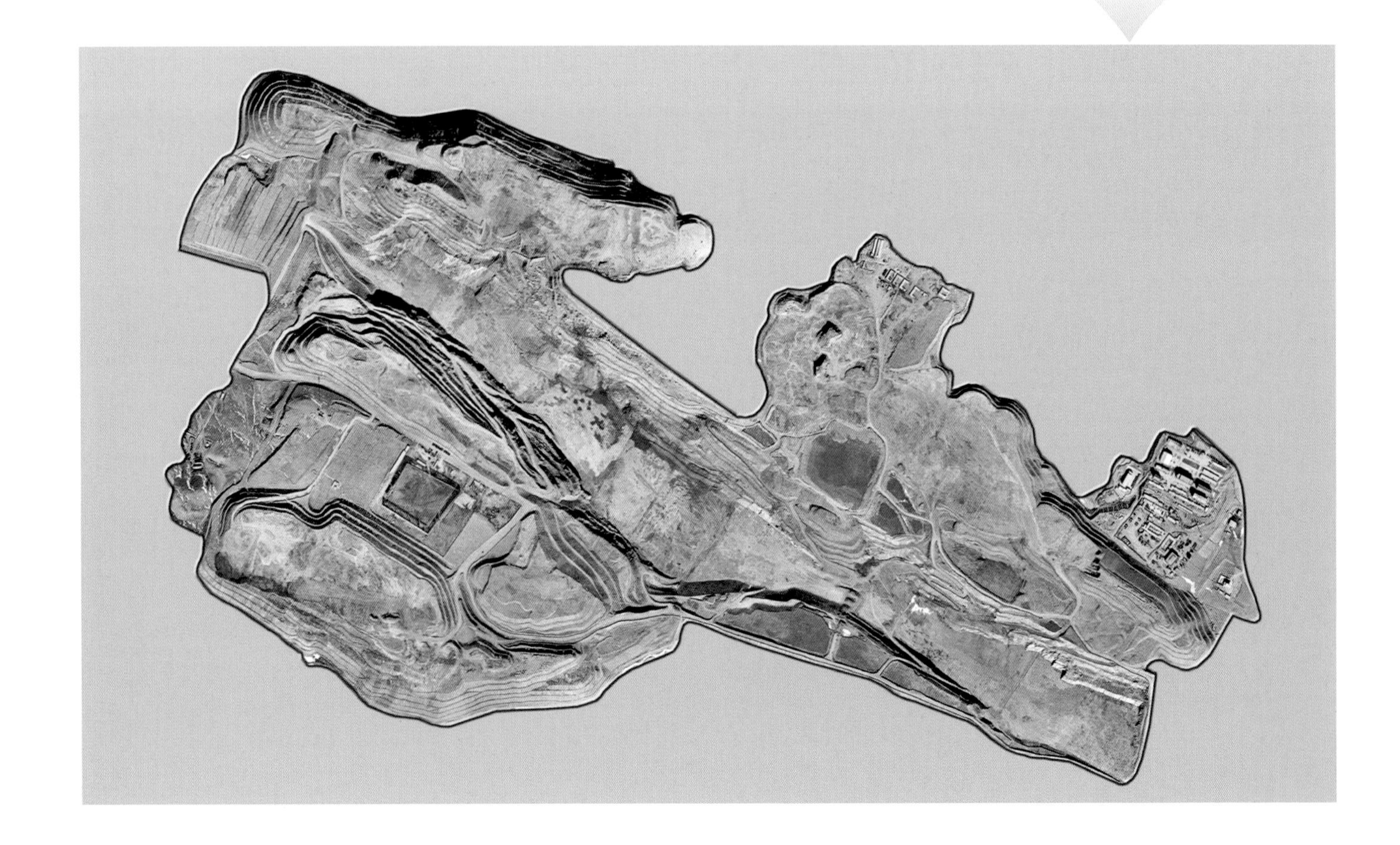

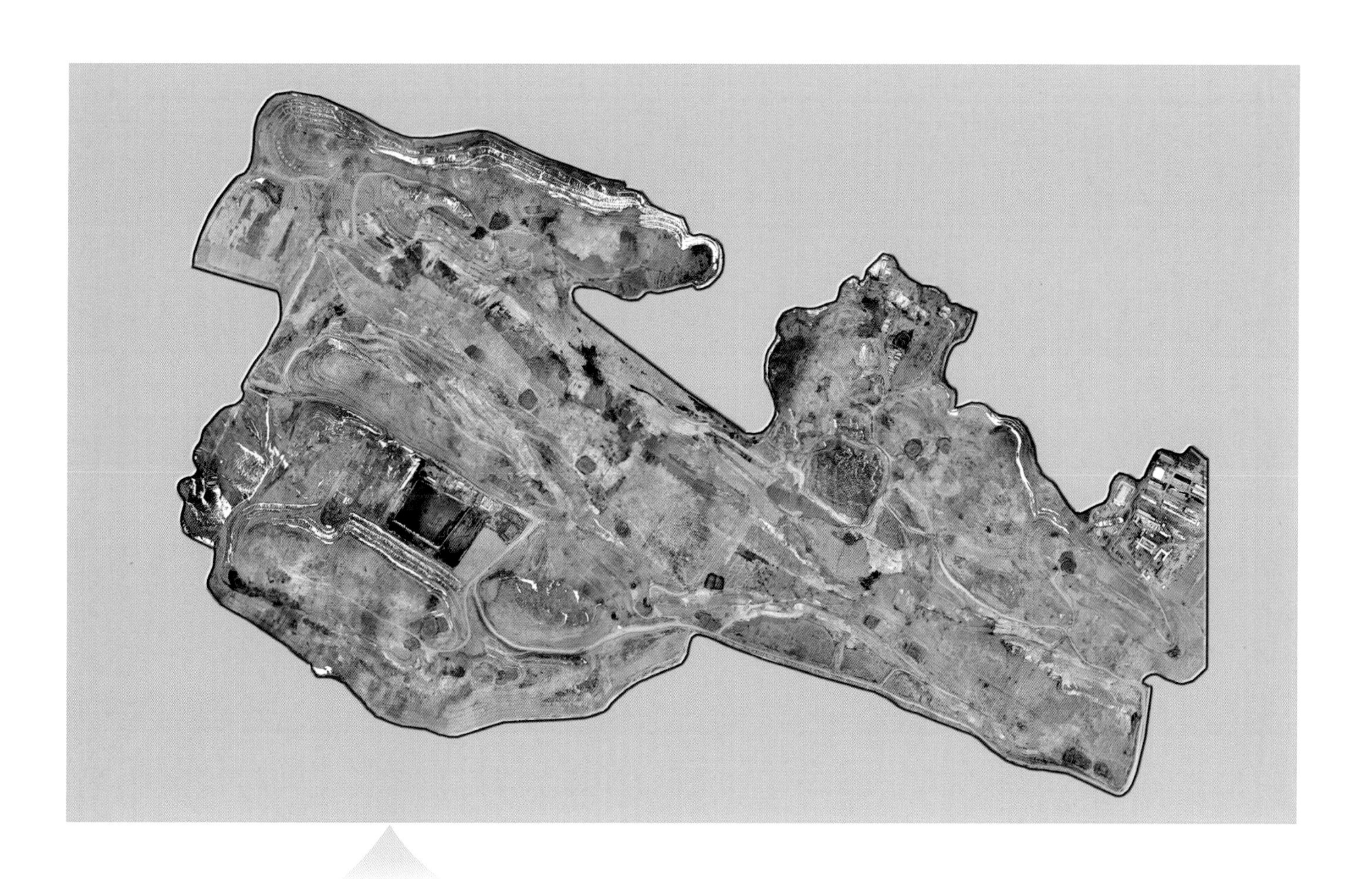

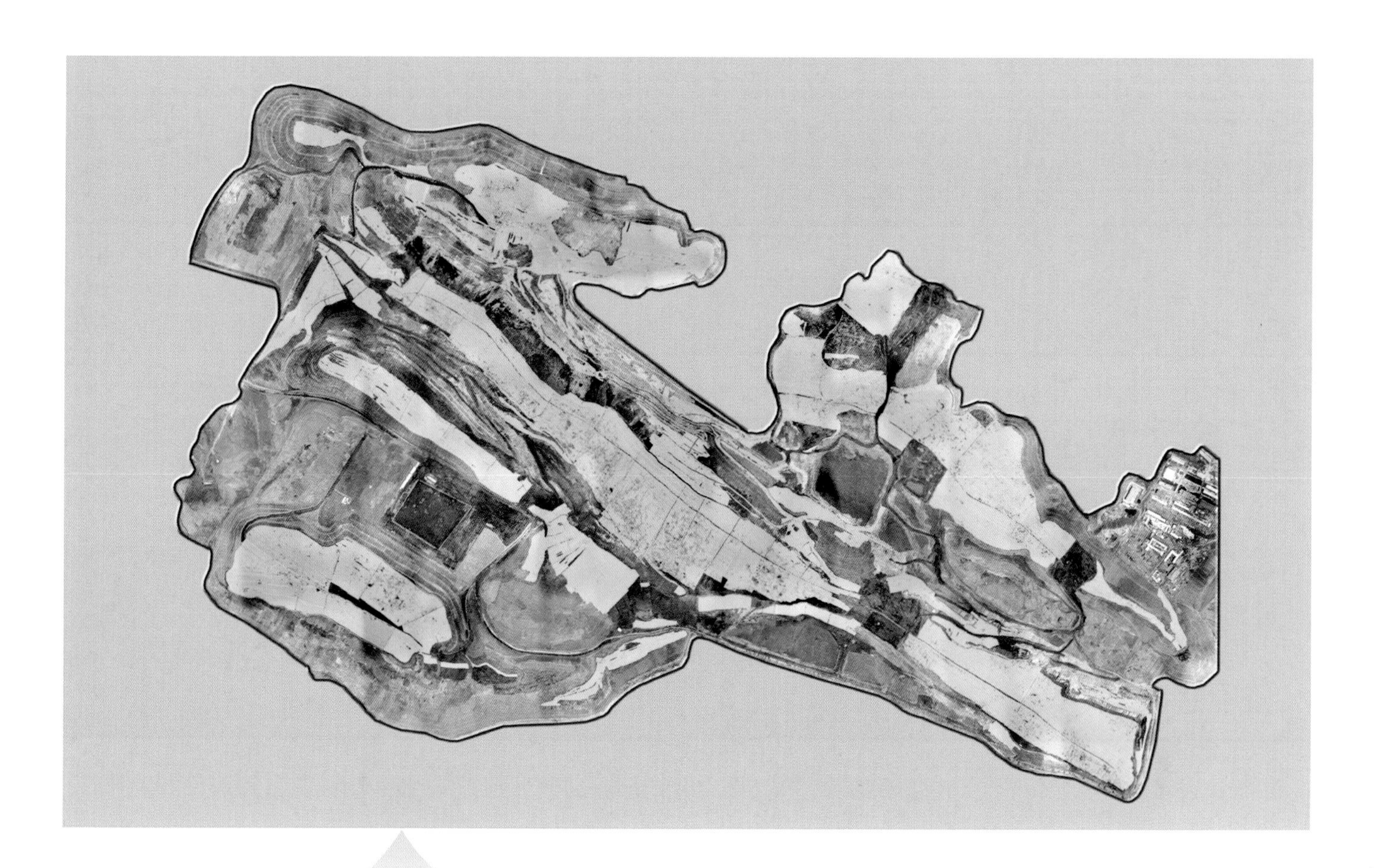

2021.05.25

2021.06.09

2021.07.01

2021.08.24

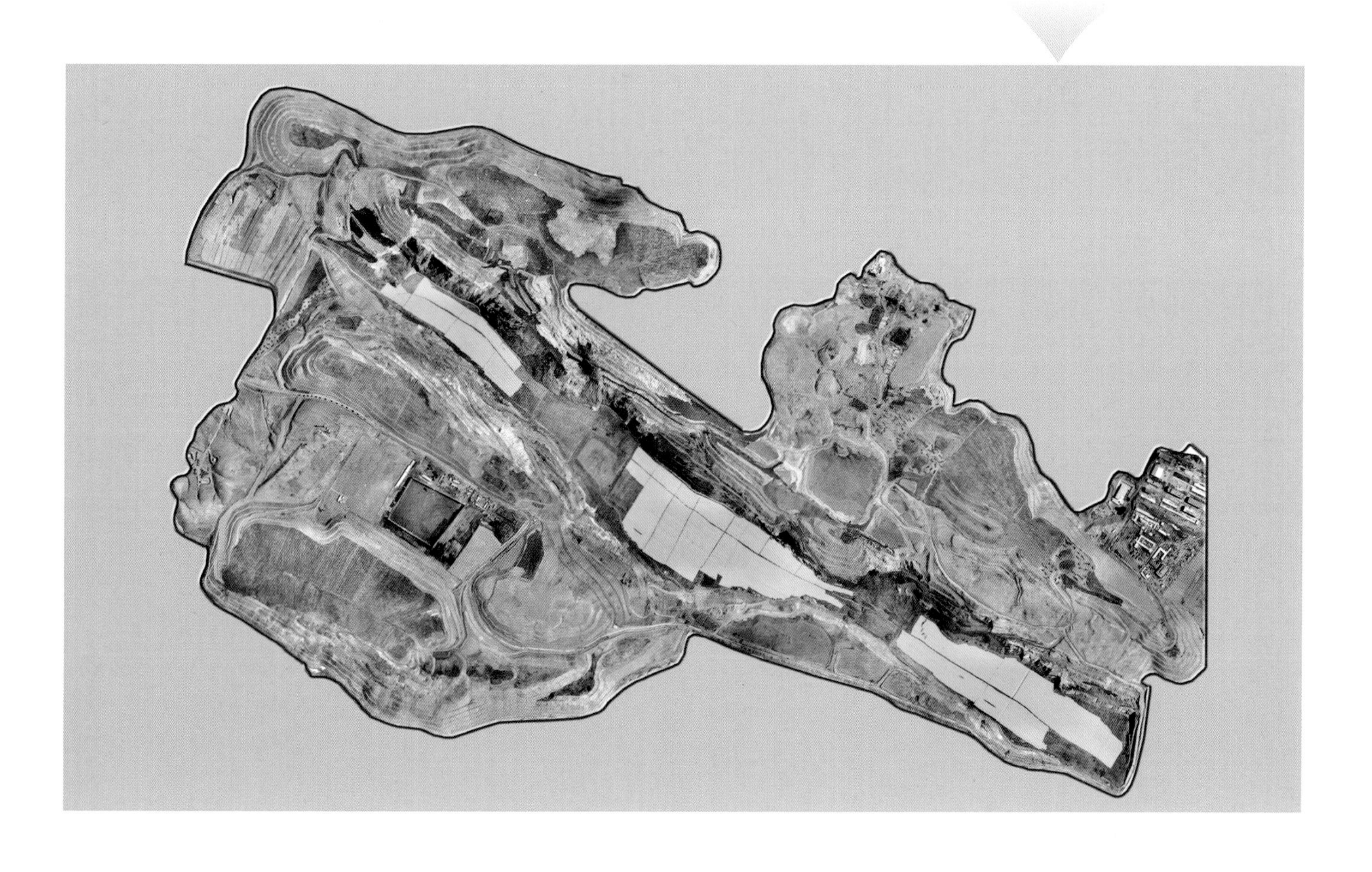

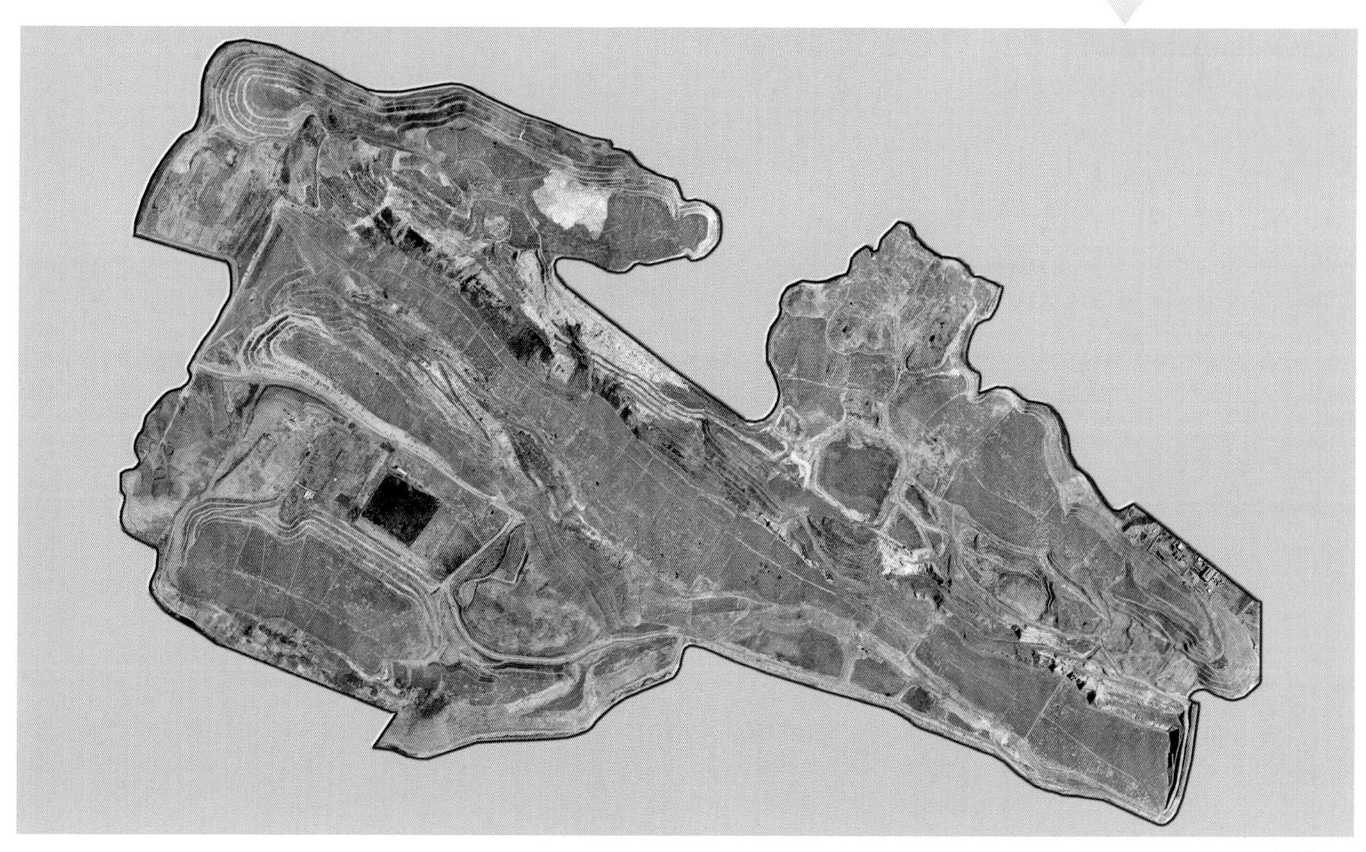

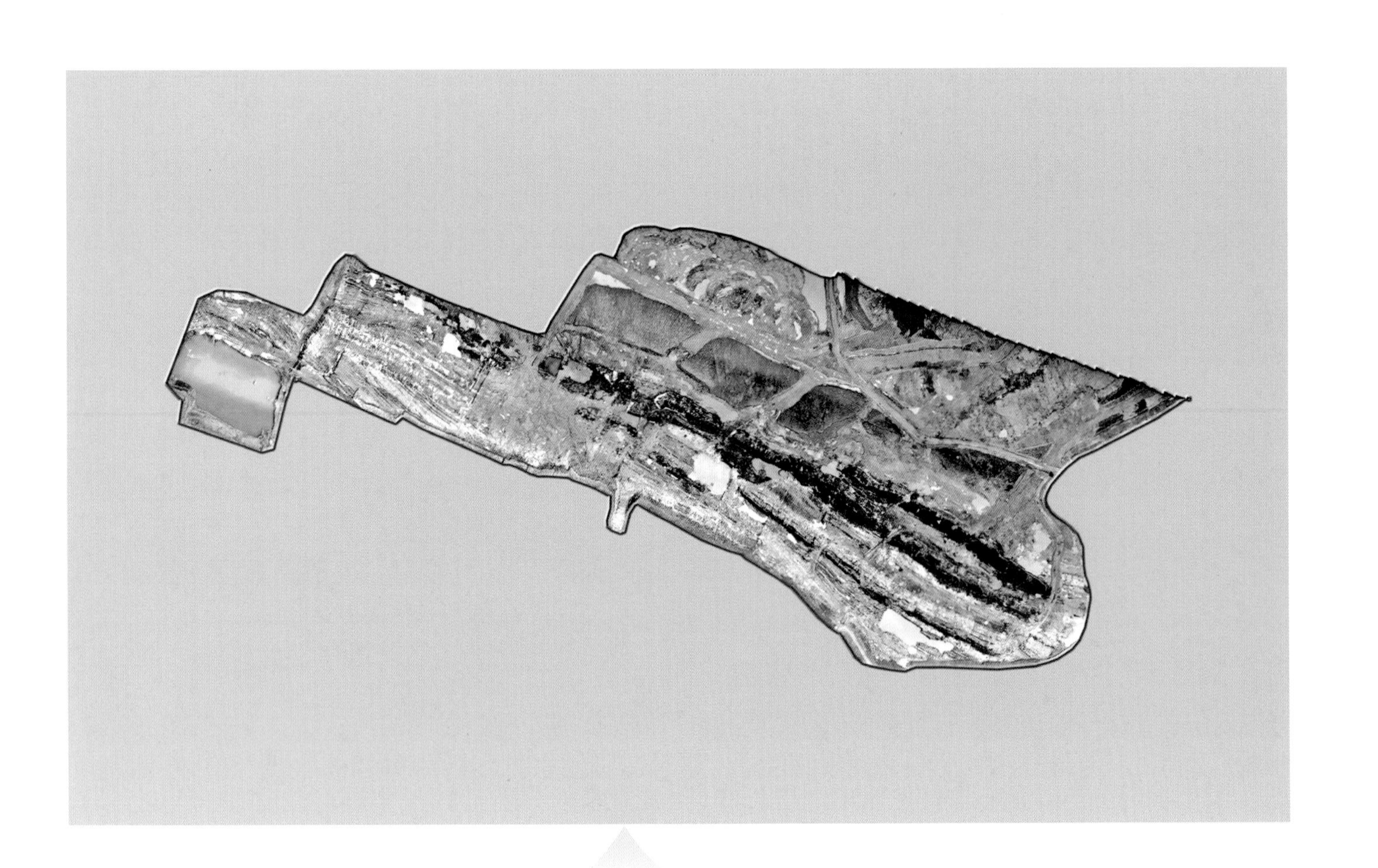

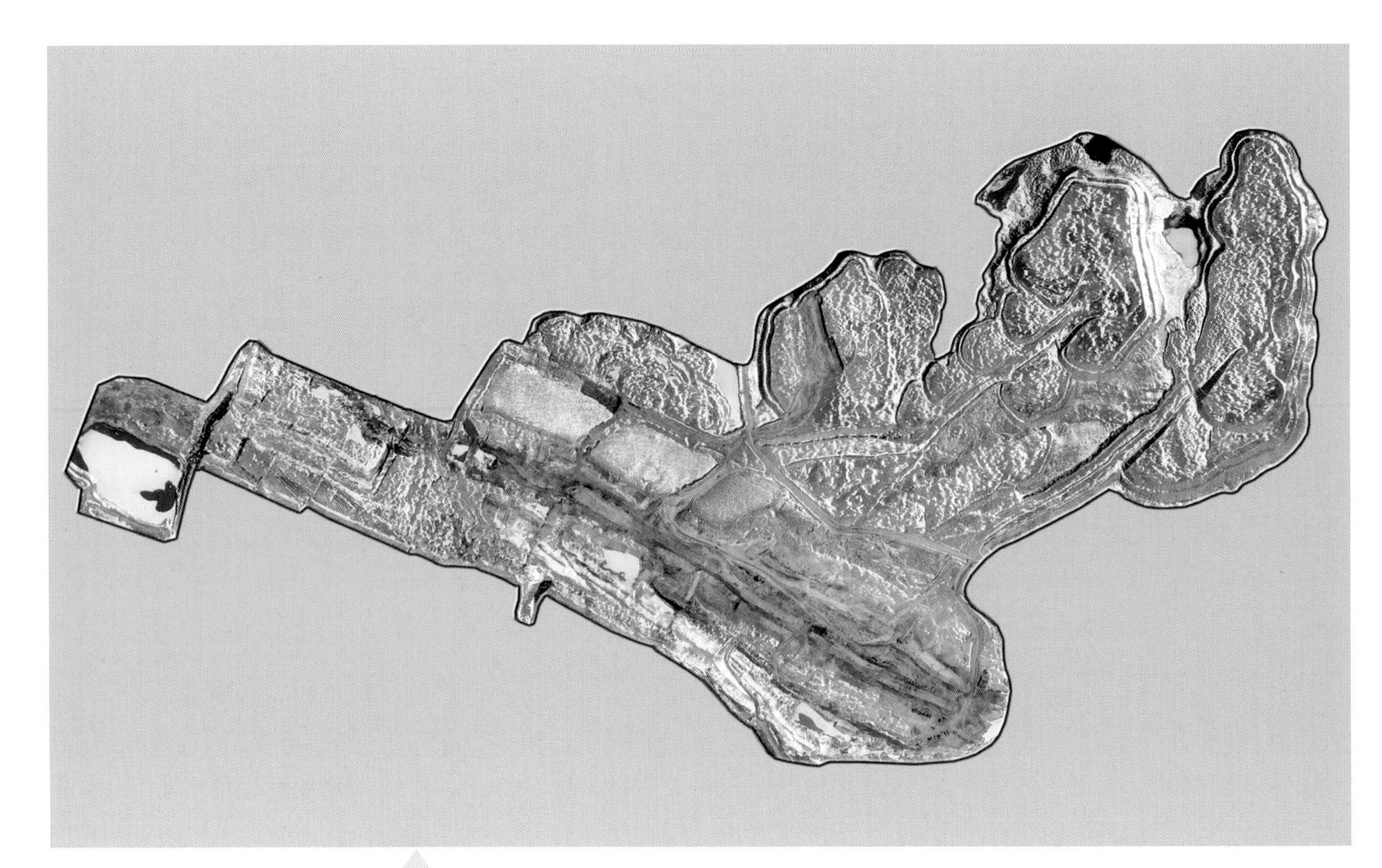

聚乎更区七号井东无人机航拍序列图

2020.08.25

2020.10.11

2020.11.02

2020.11.22

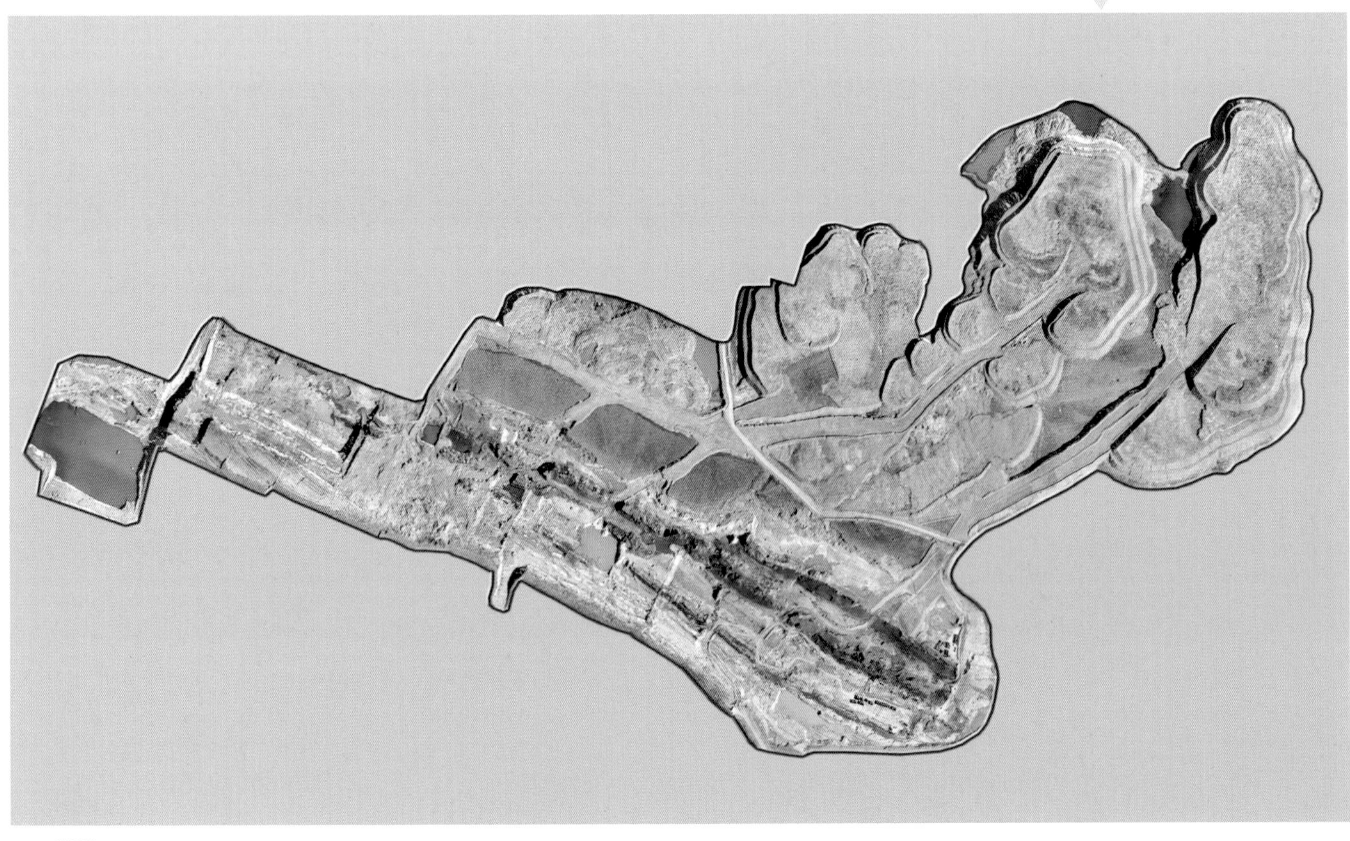

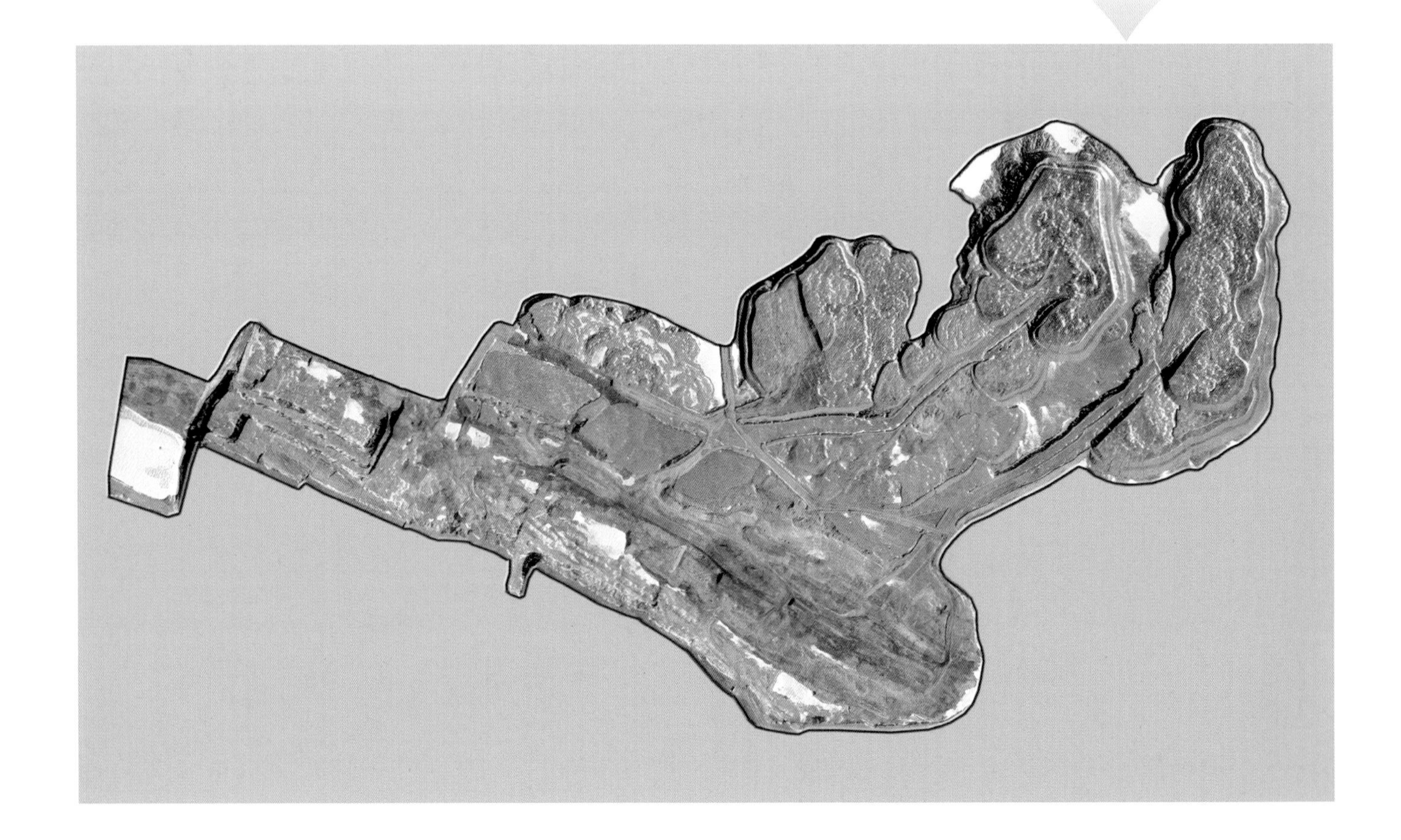

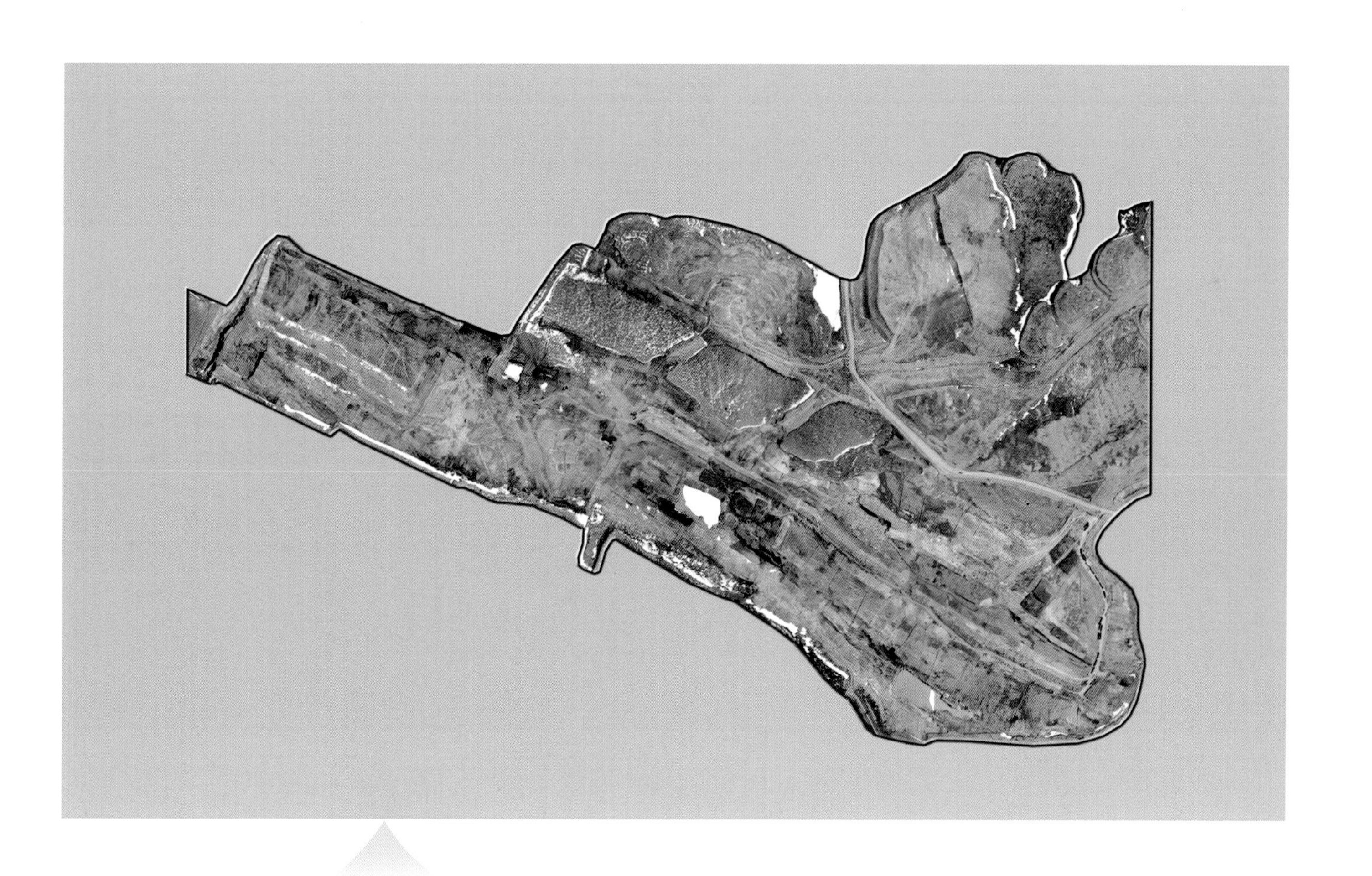

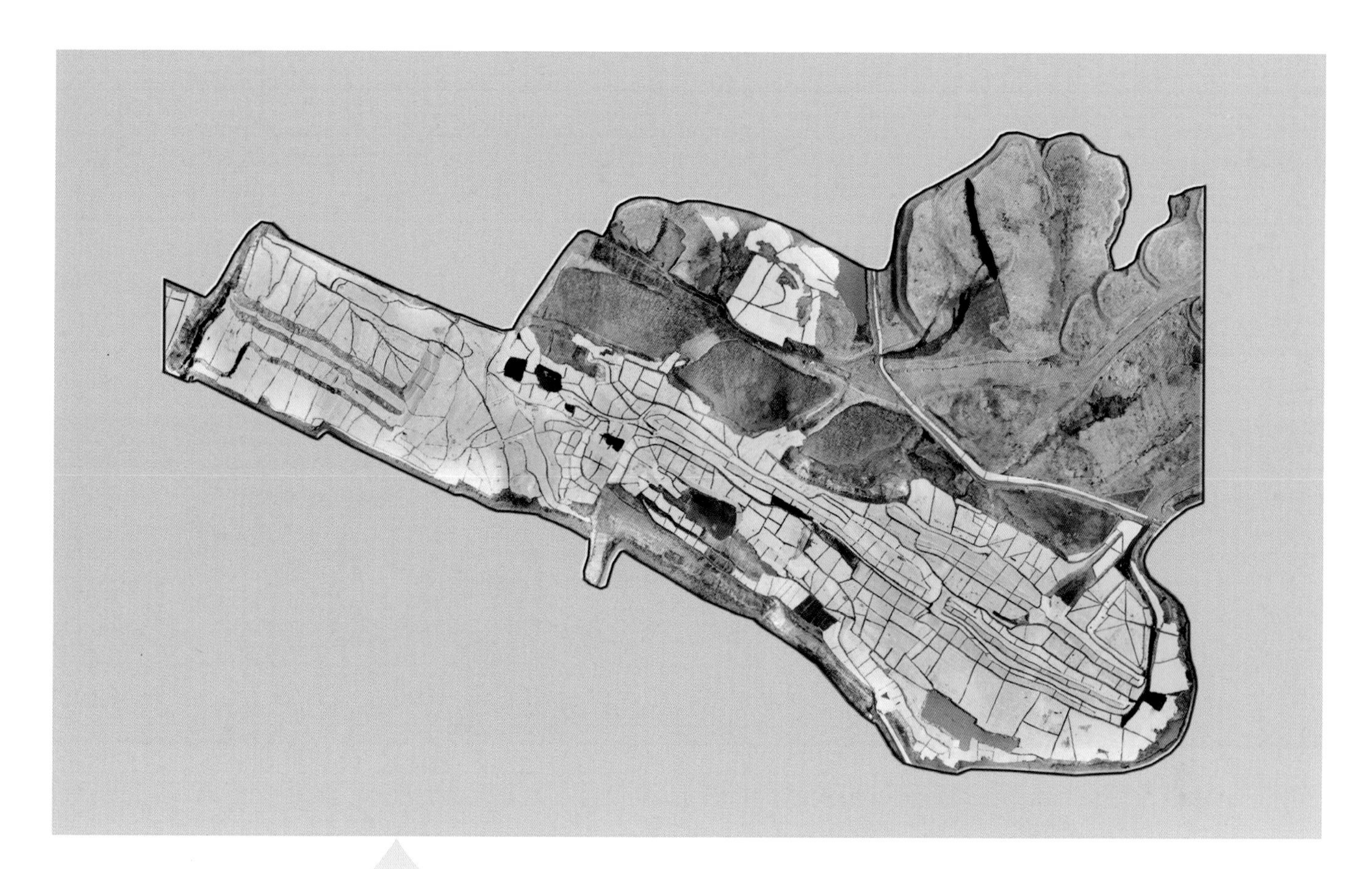

2021.05.26 2021.06.09 2021.07.02 2021.08.24

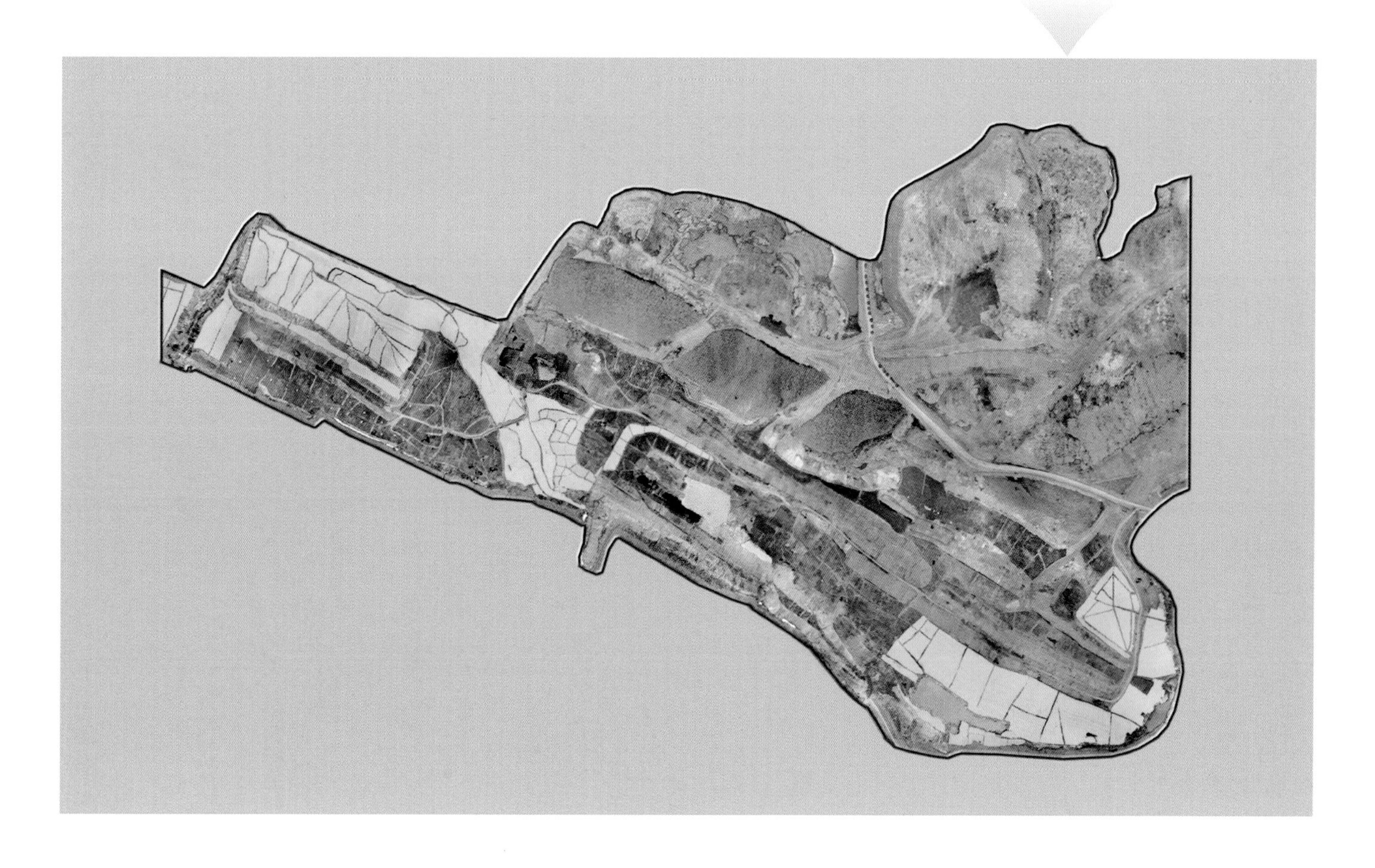

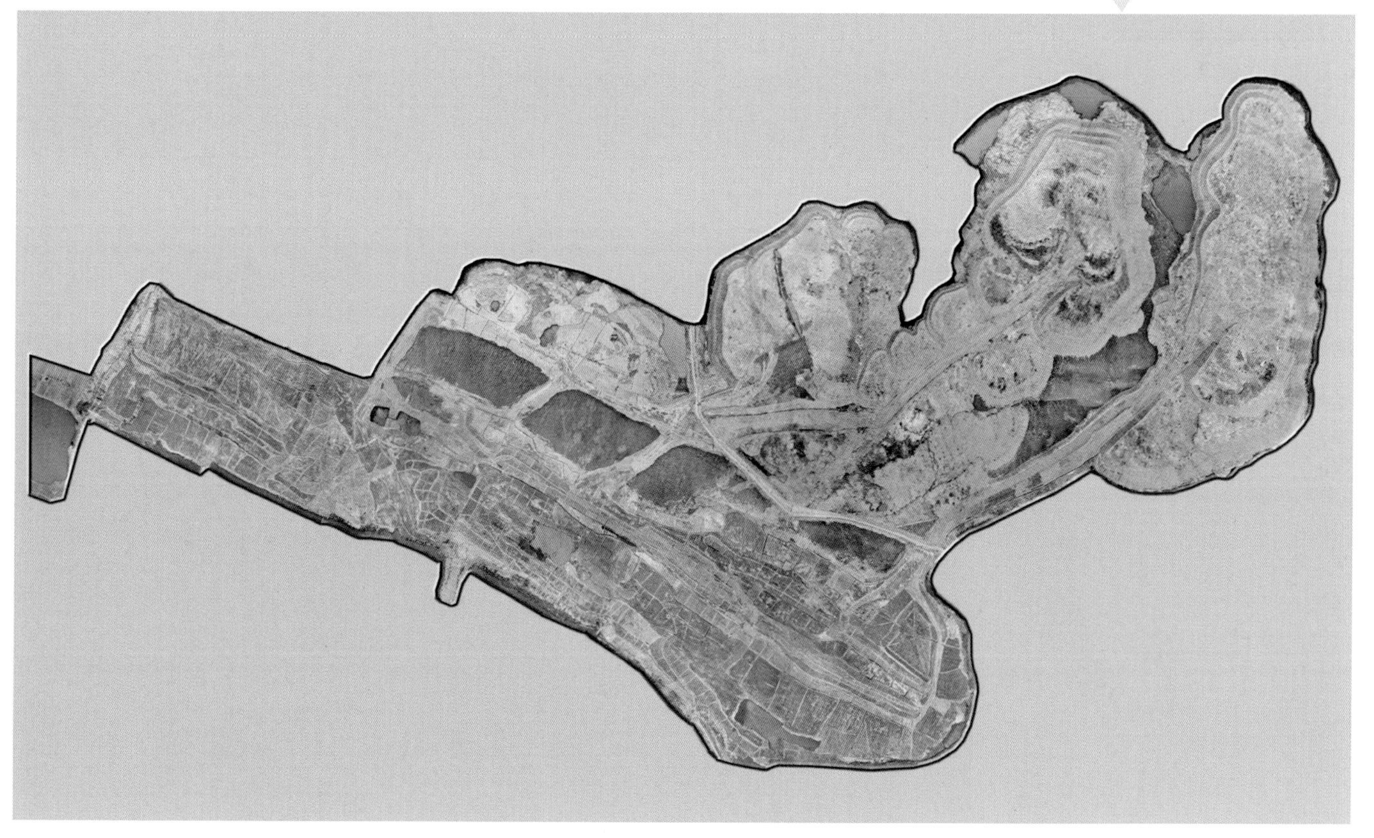

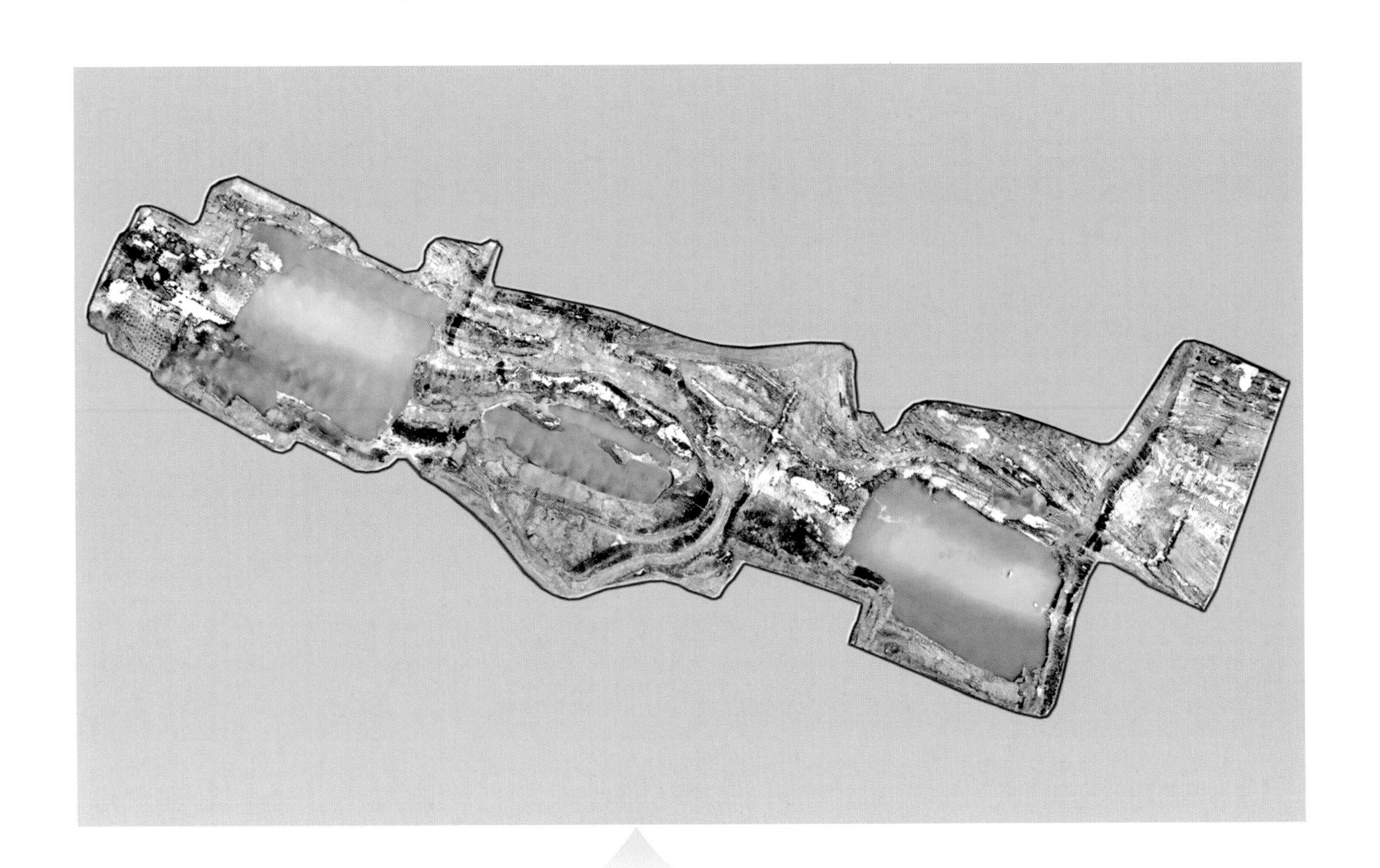

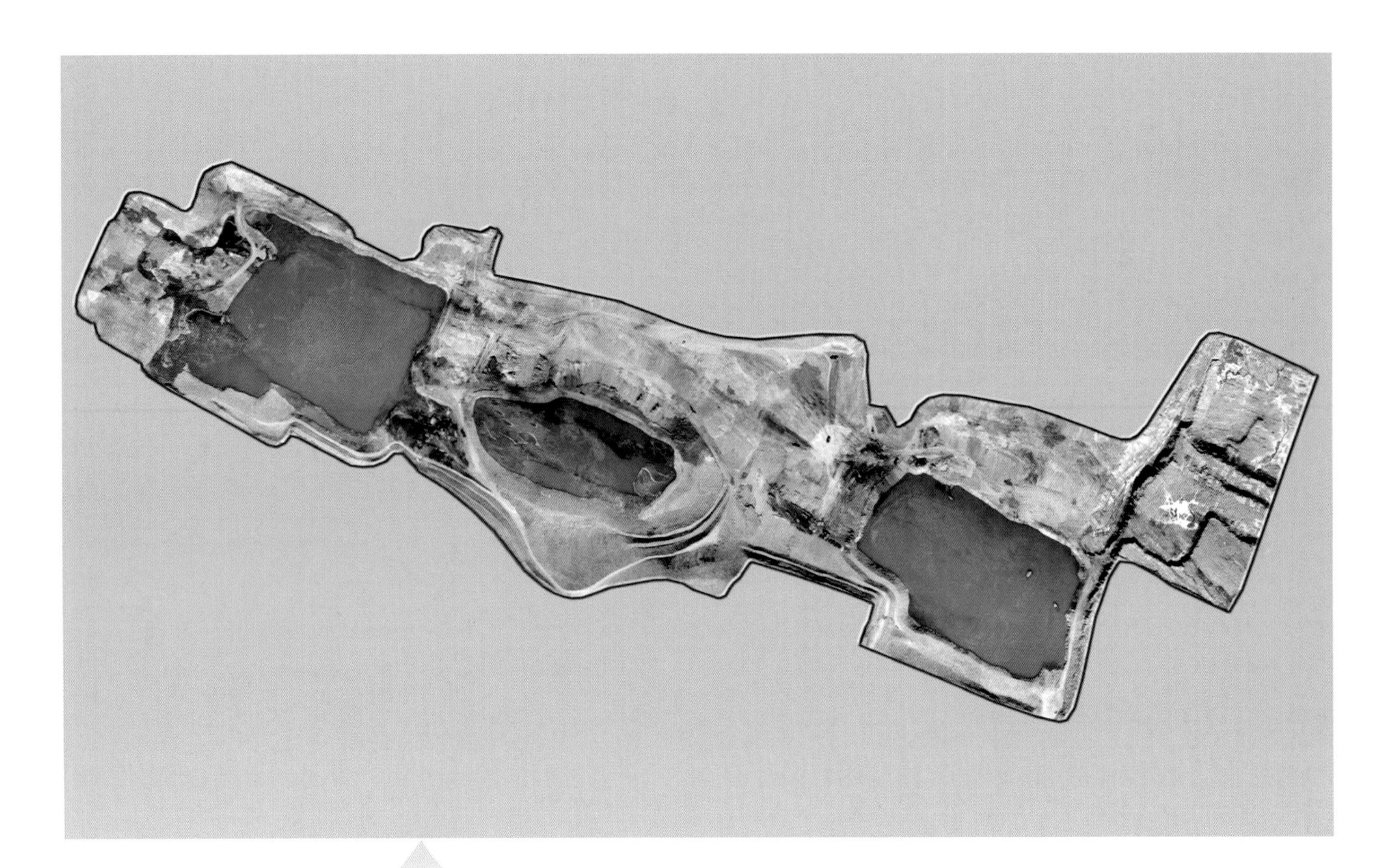

聚乎更区七号井西无人机航拍序列图

2020.08.25　2020.10.06　2020.10.22　2020.11.19

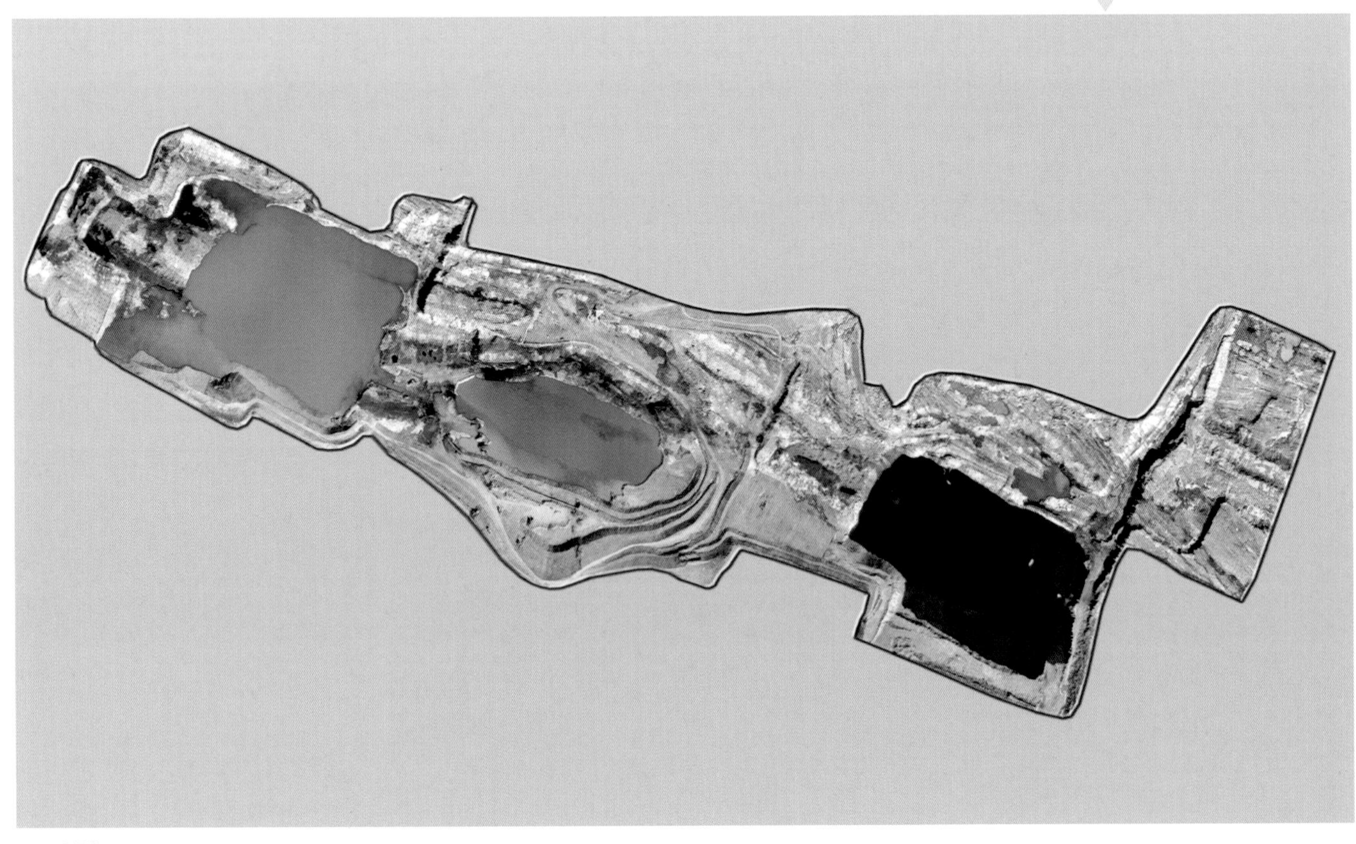

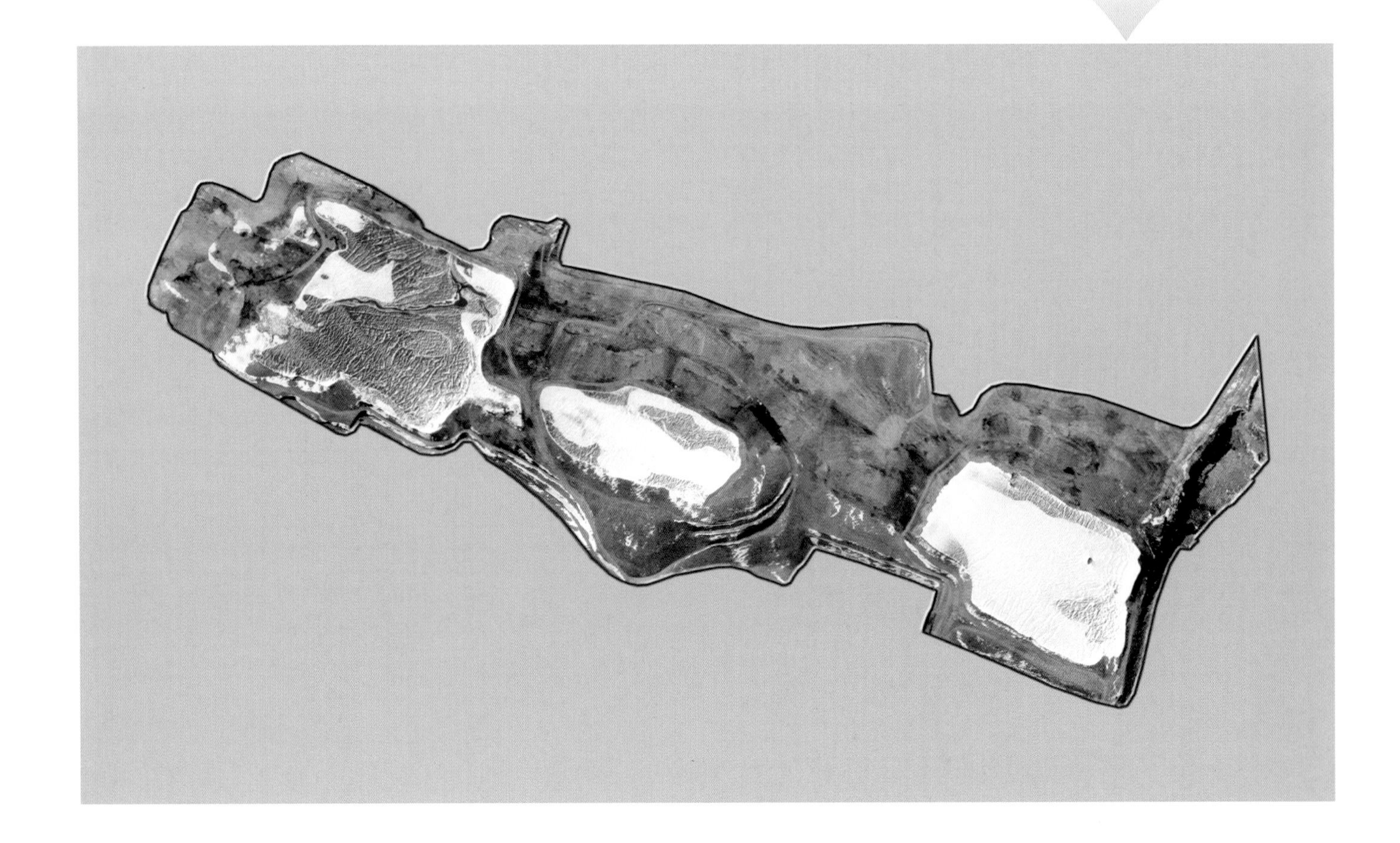

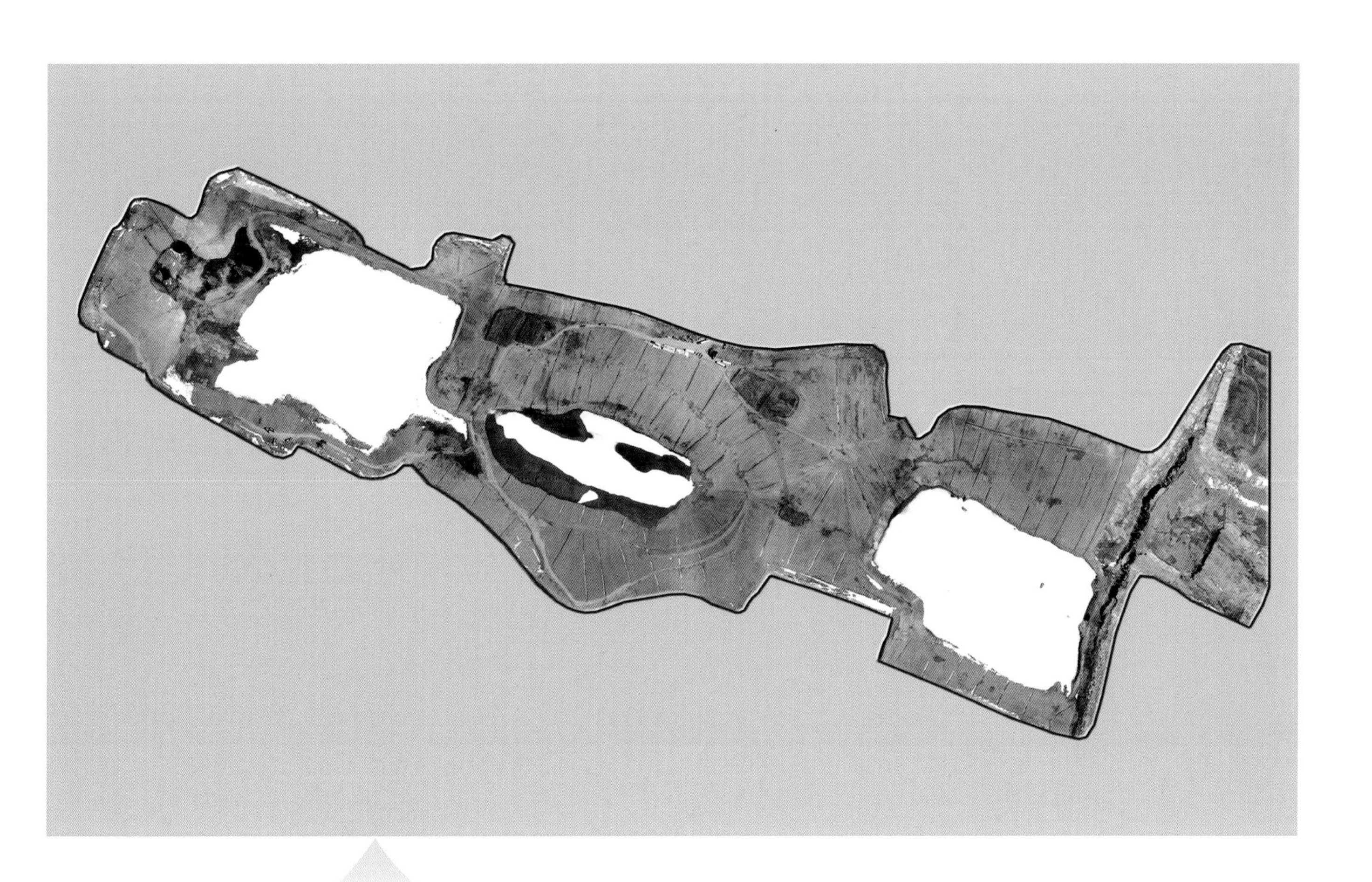

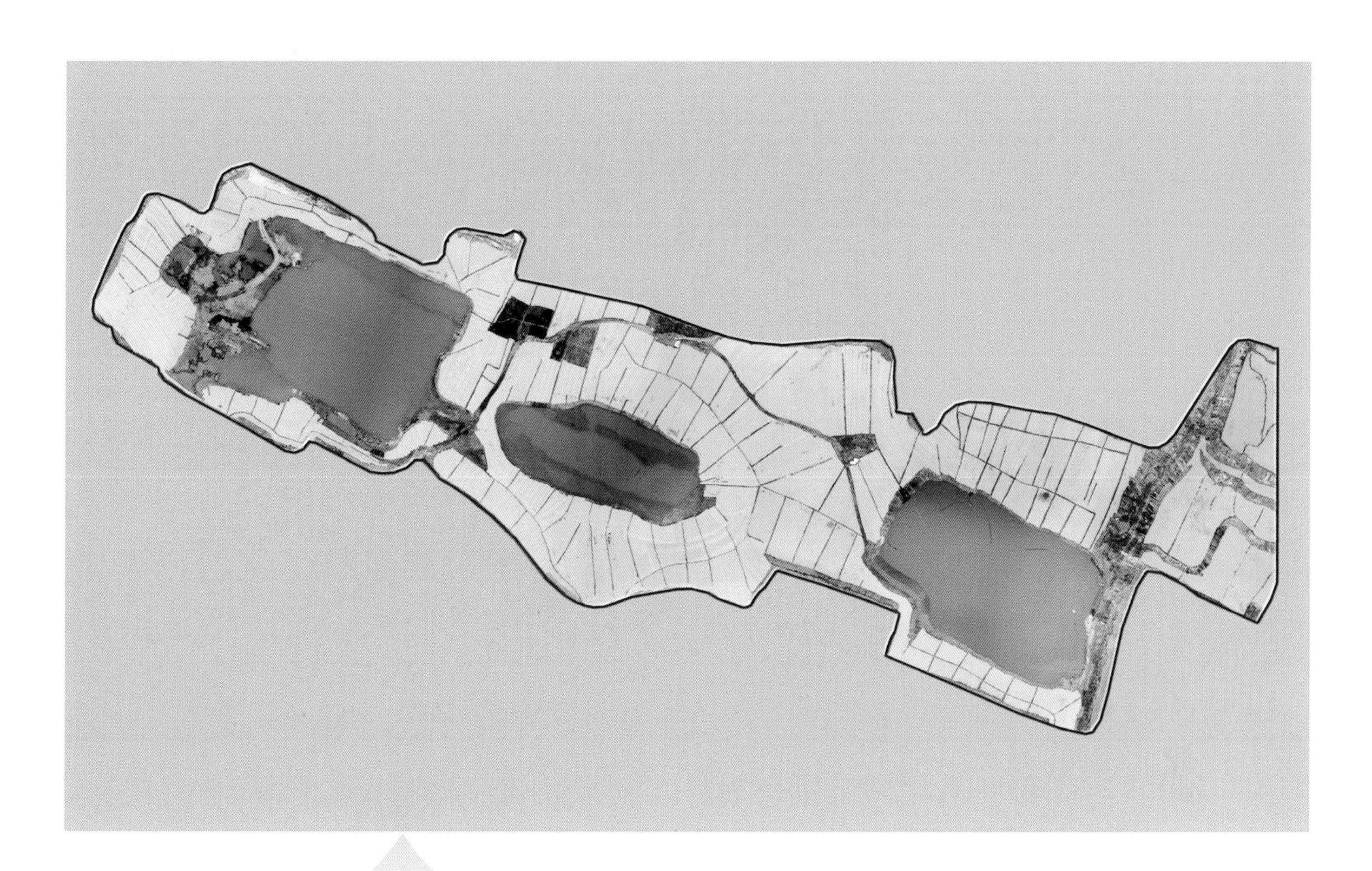

2021.05.26 2021.06.09 2021.06.22 2021.08.24

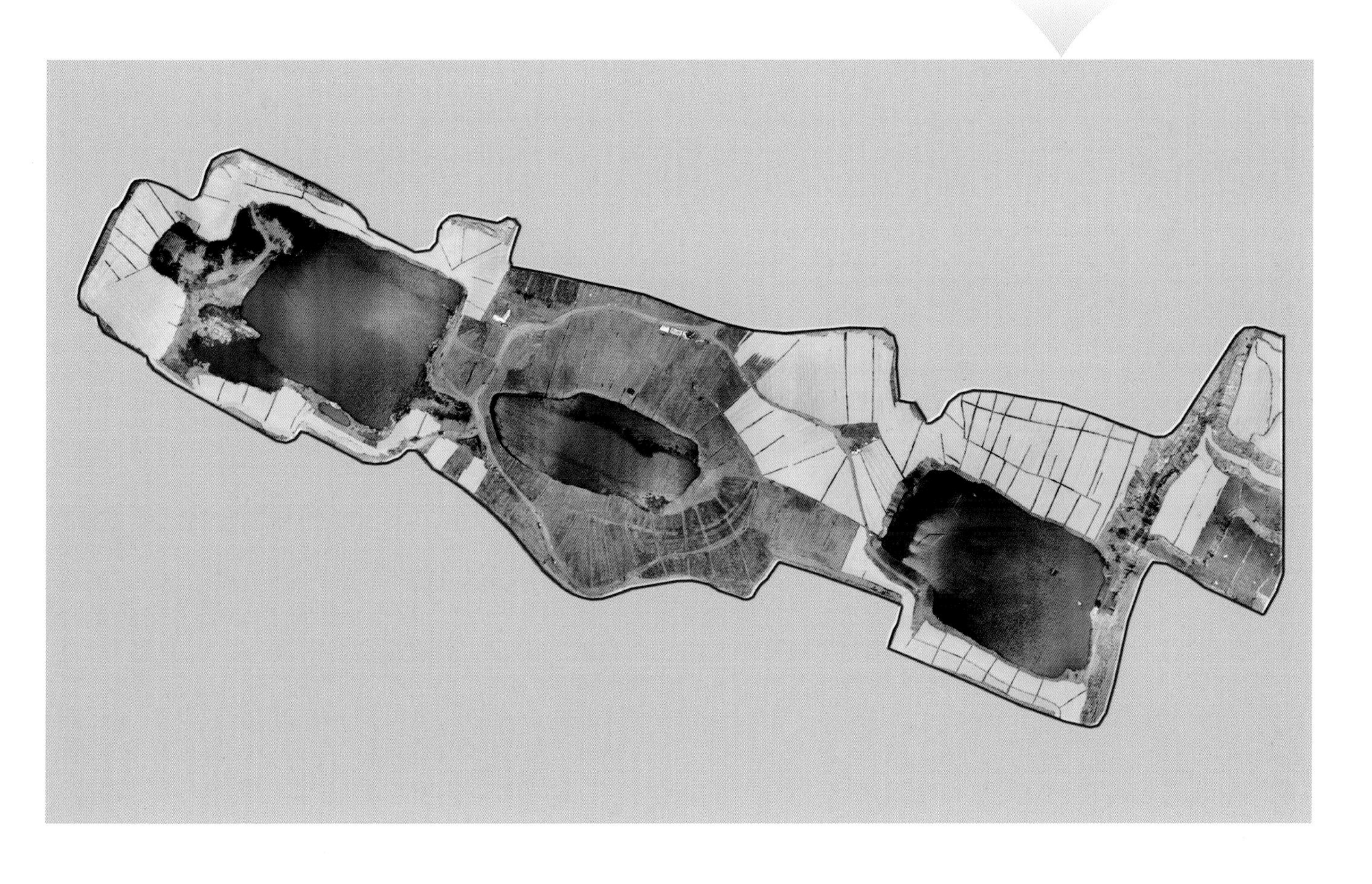

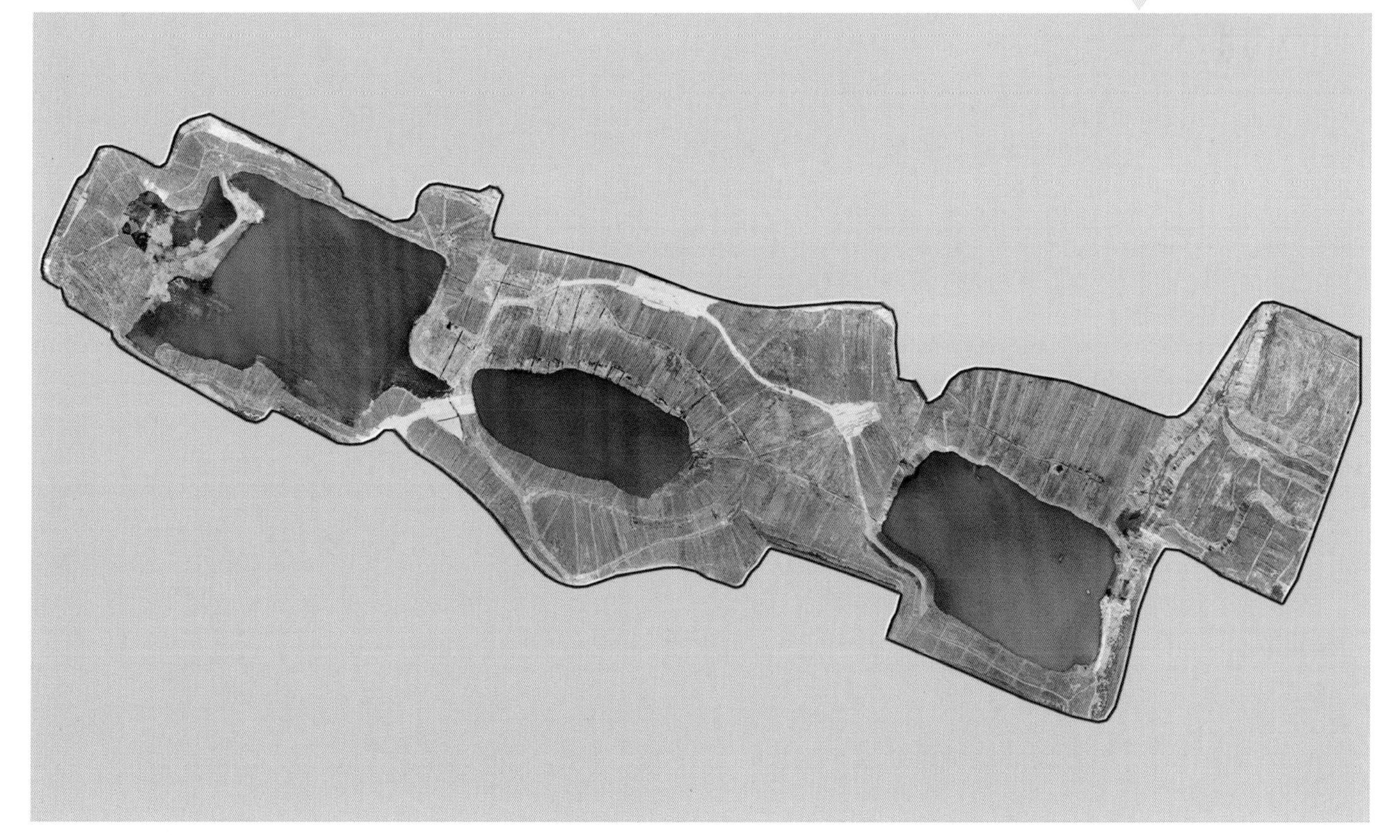

聚乎更区八号井无人机航拍序列图

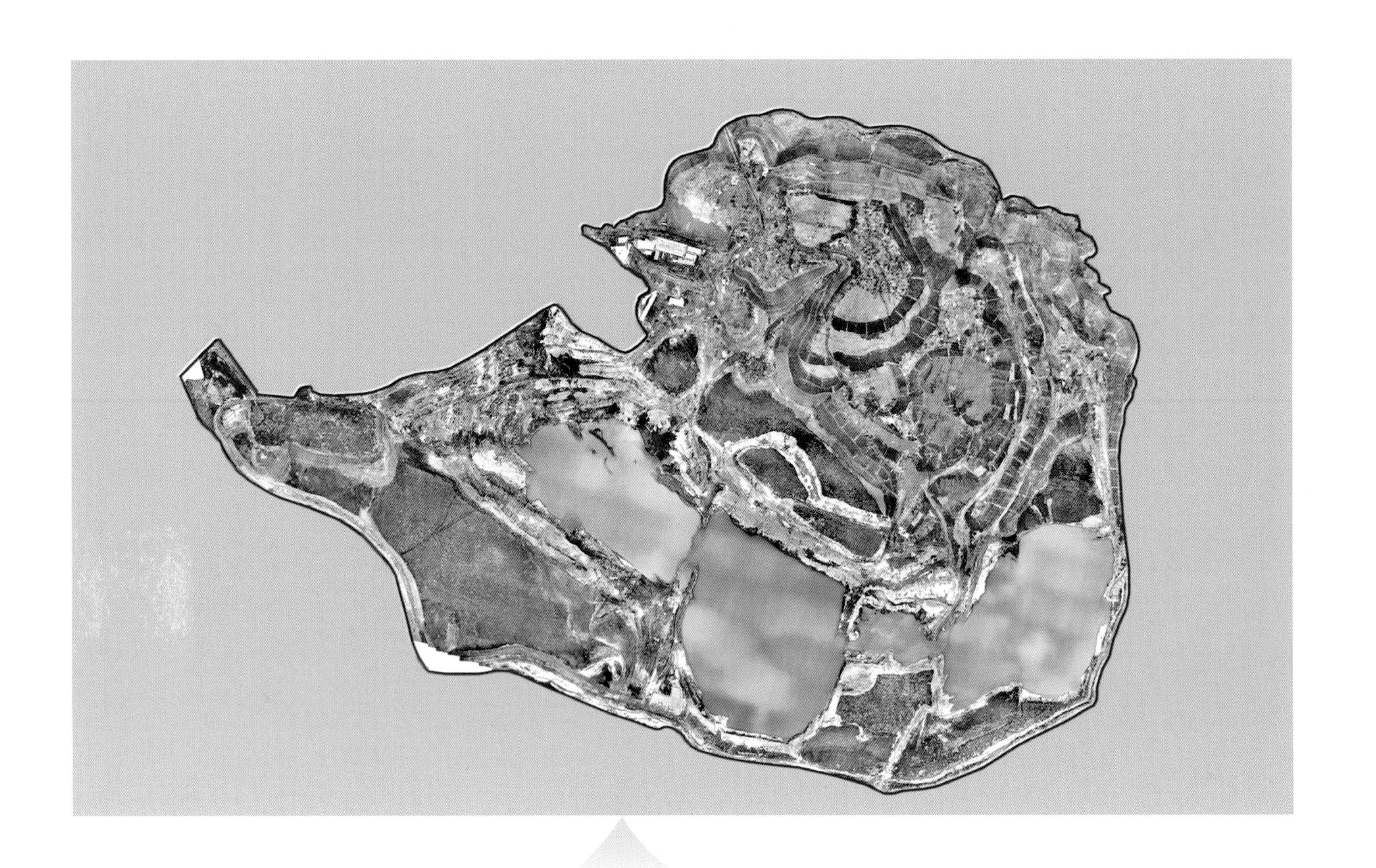

2020.08.16

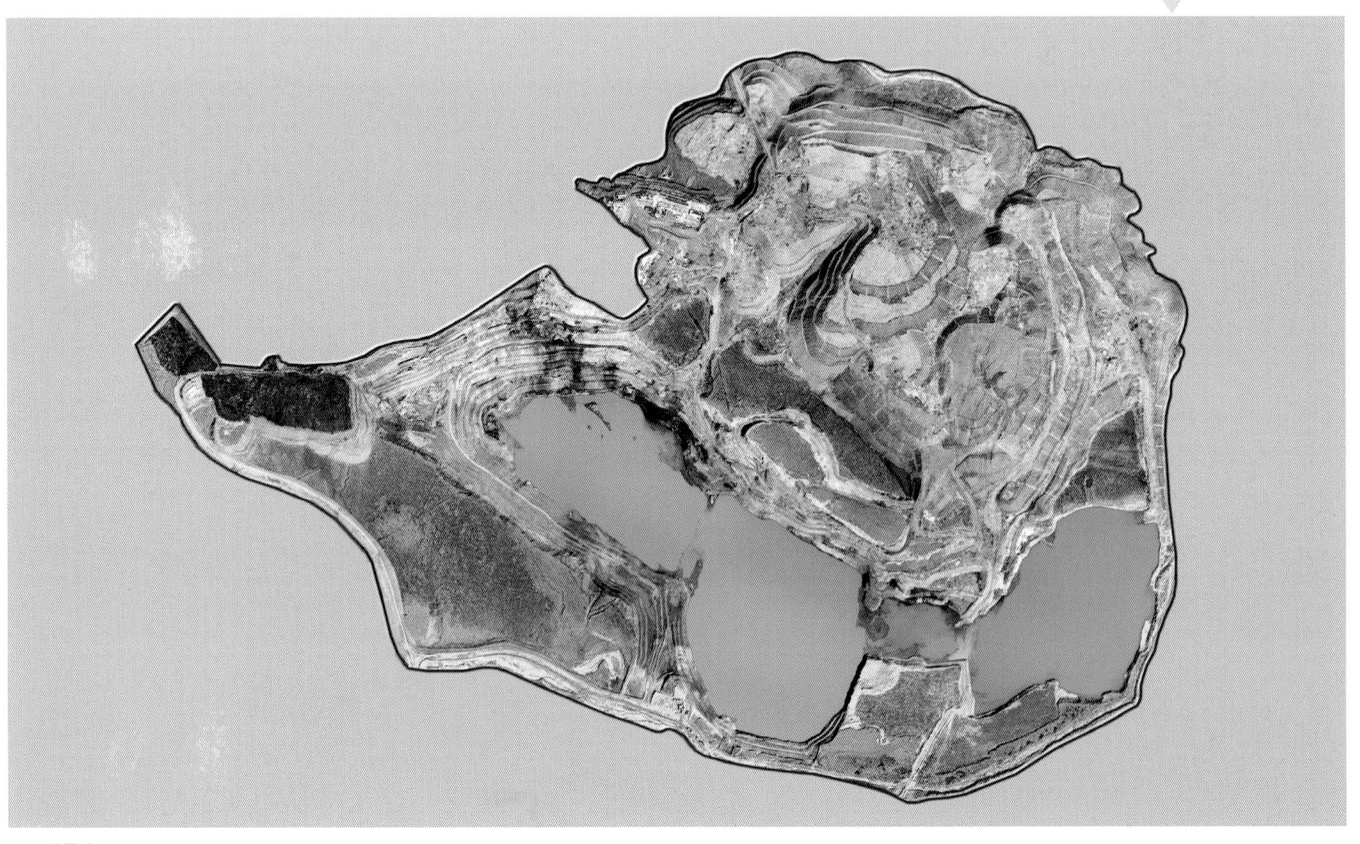

2020.09.30

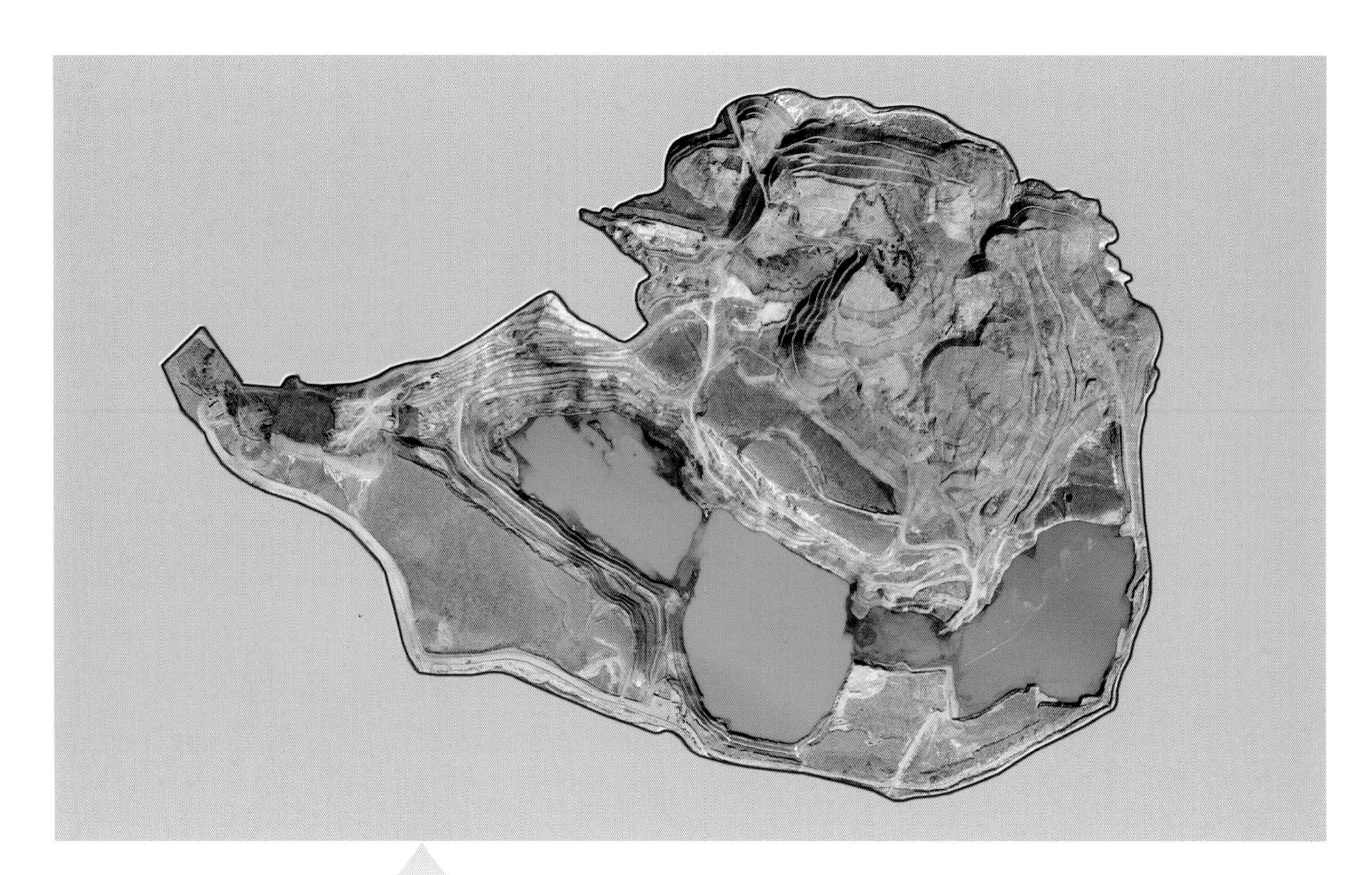

2020.10.24

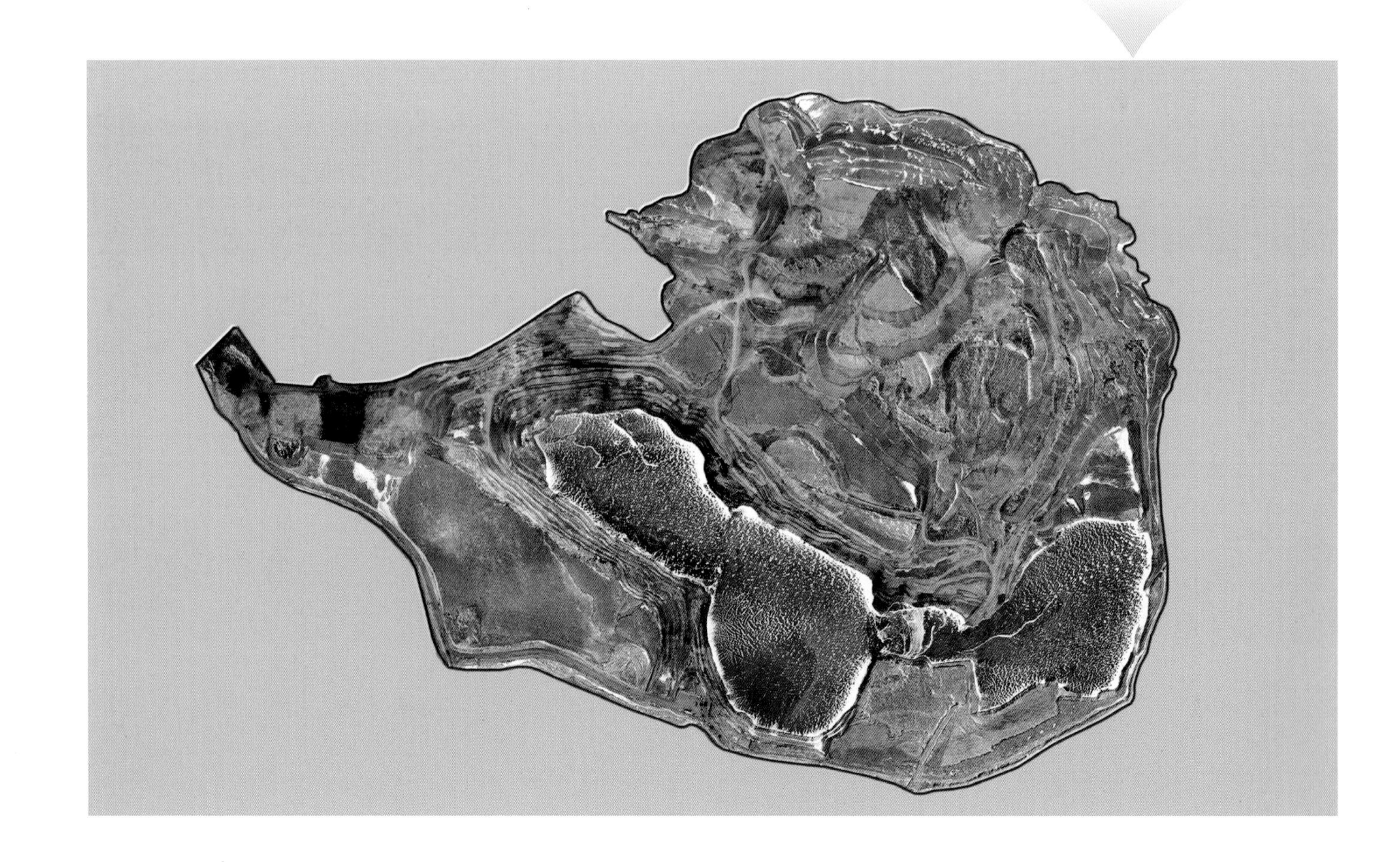

2020.11.17

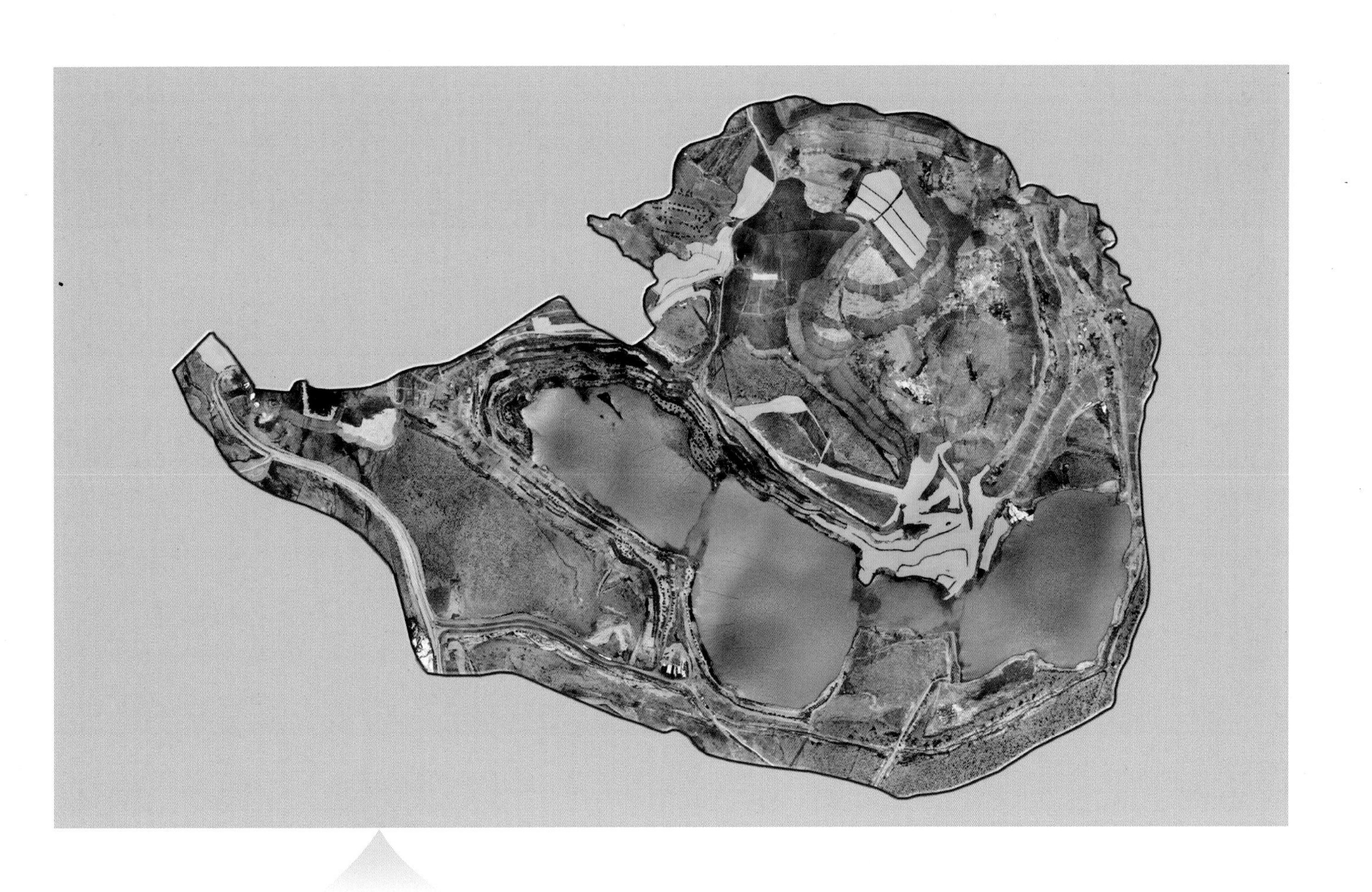

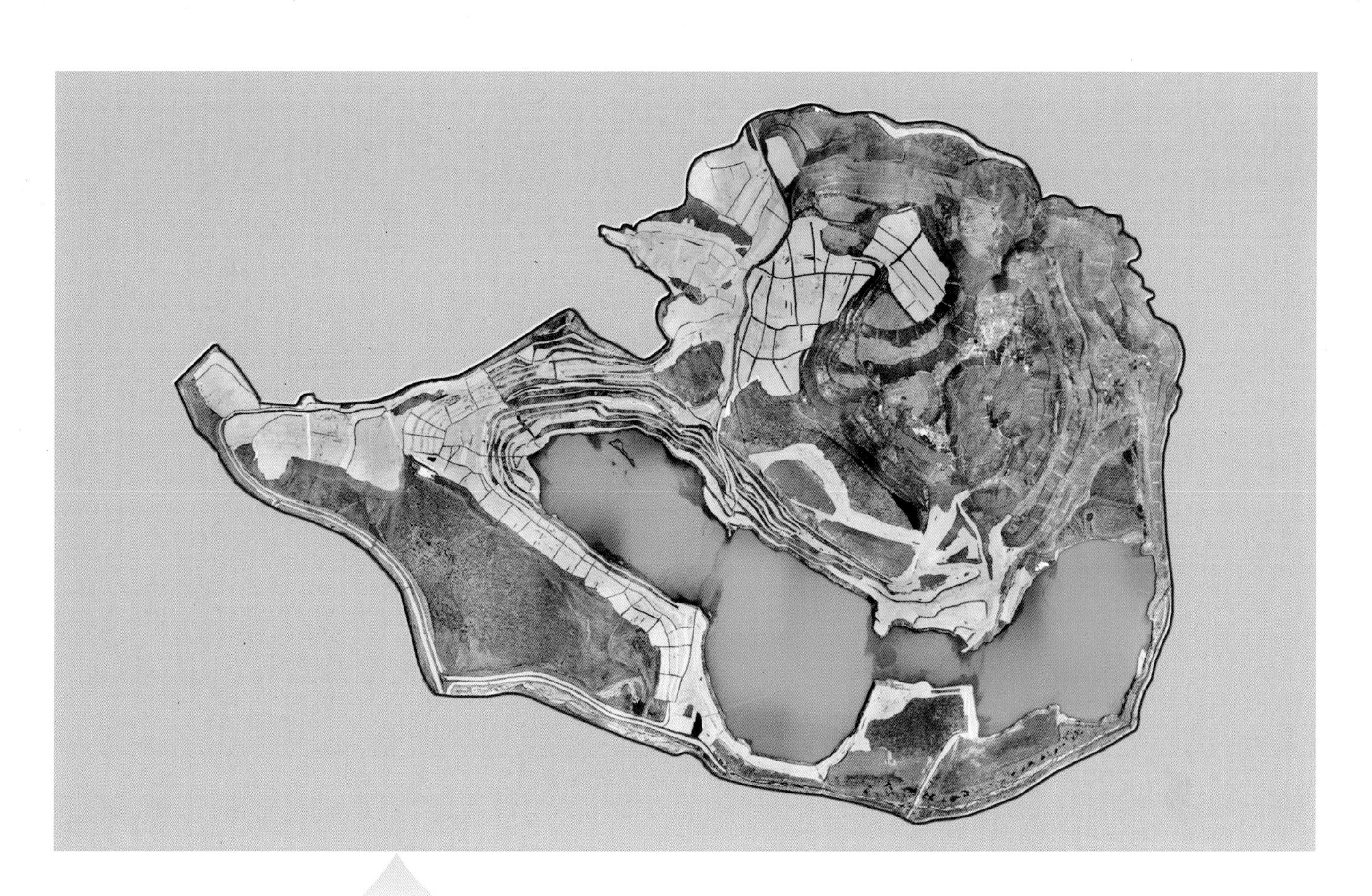

2021.06.09

2021.06.22

2021.07.02

2021.08.24

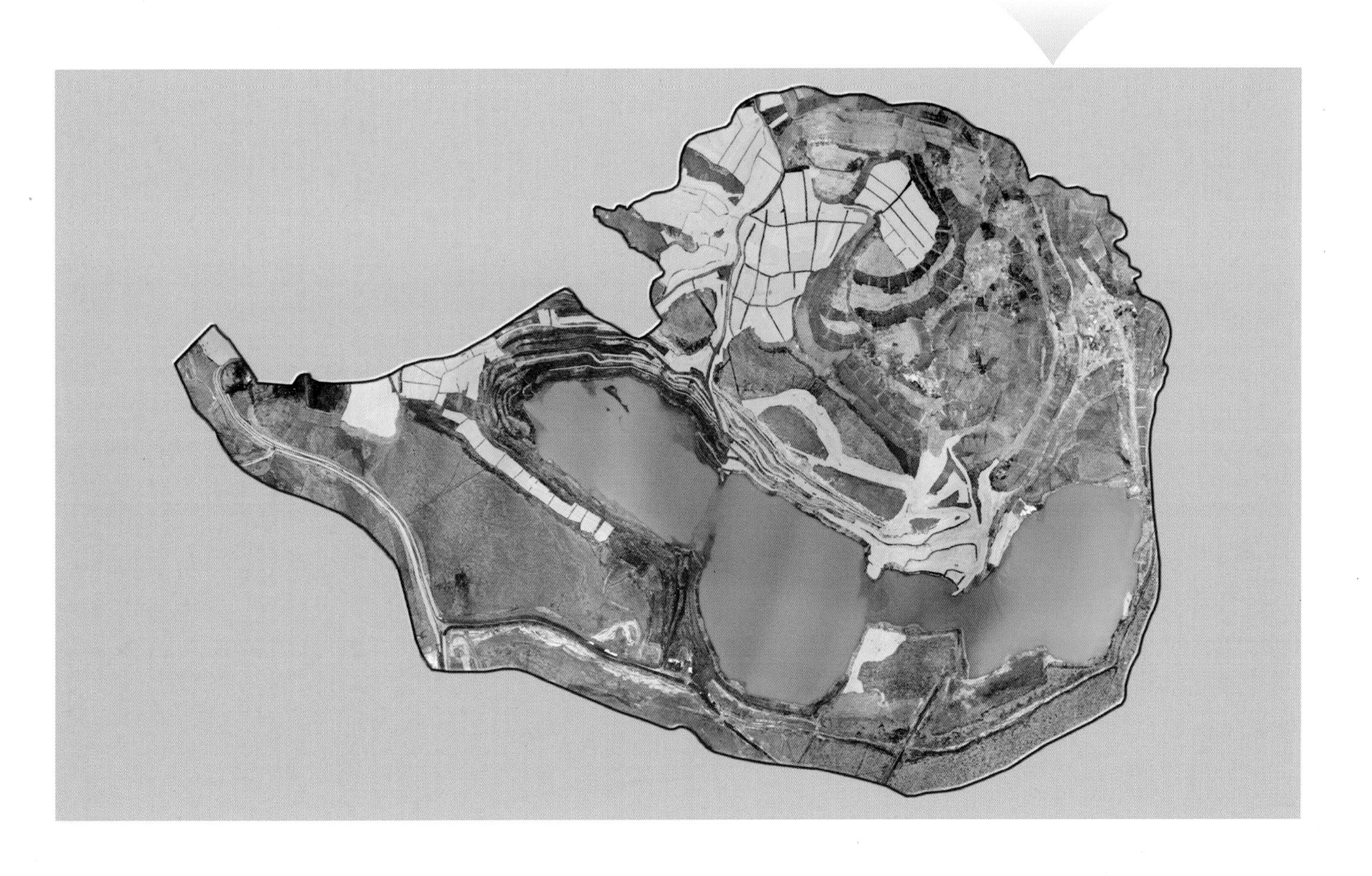

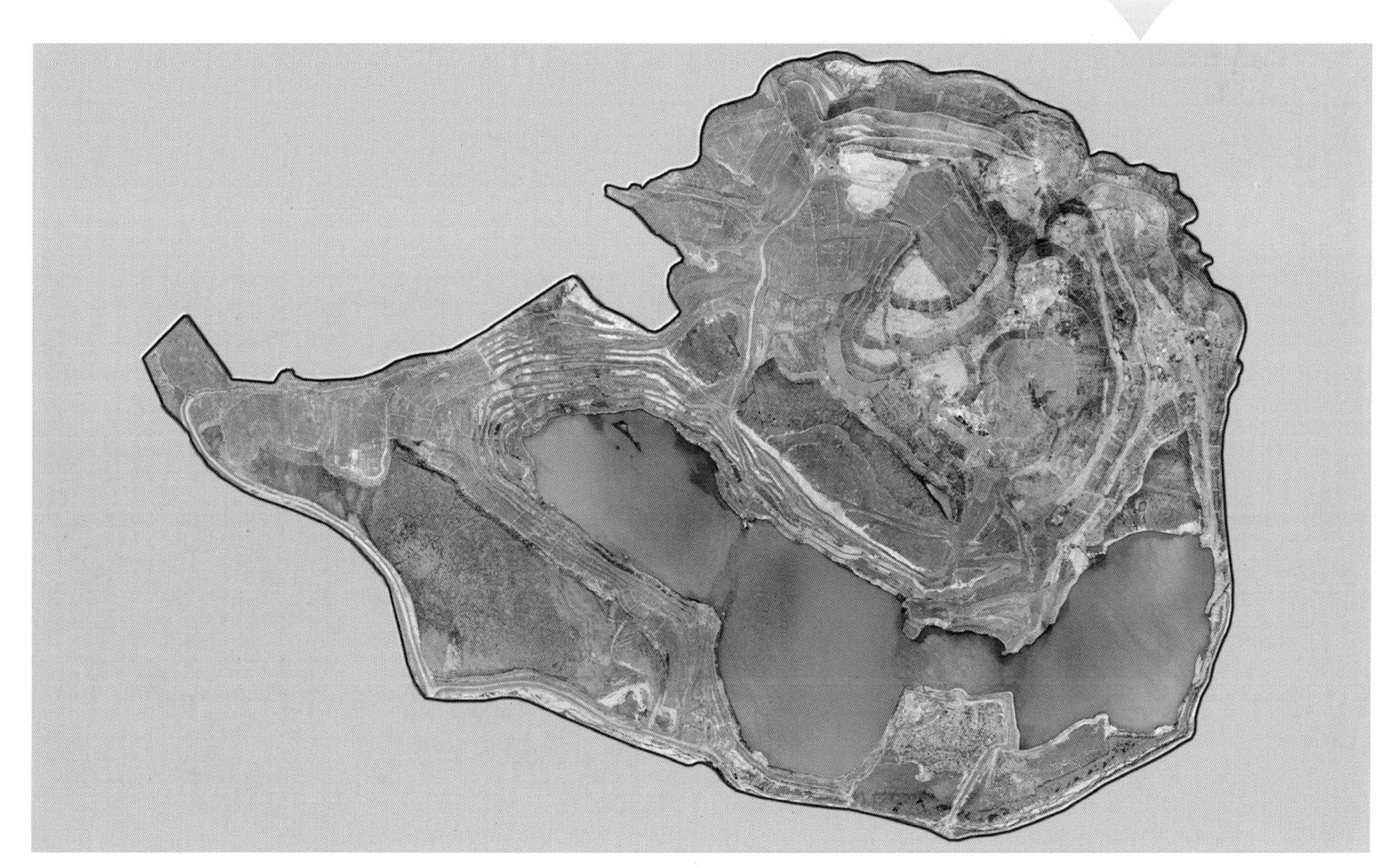

聚乎更区九号井无人机航拍序列图

2020.08.16

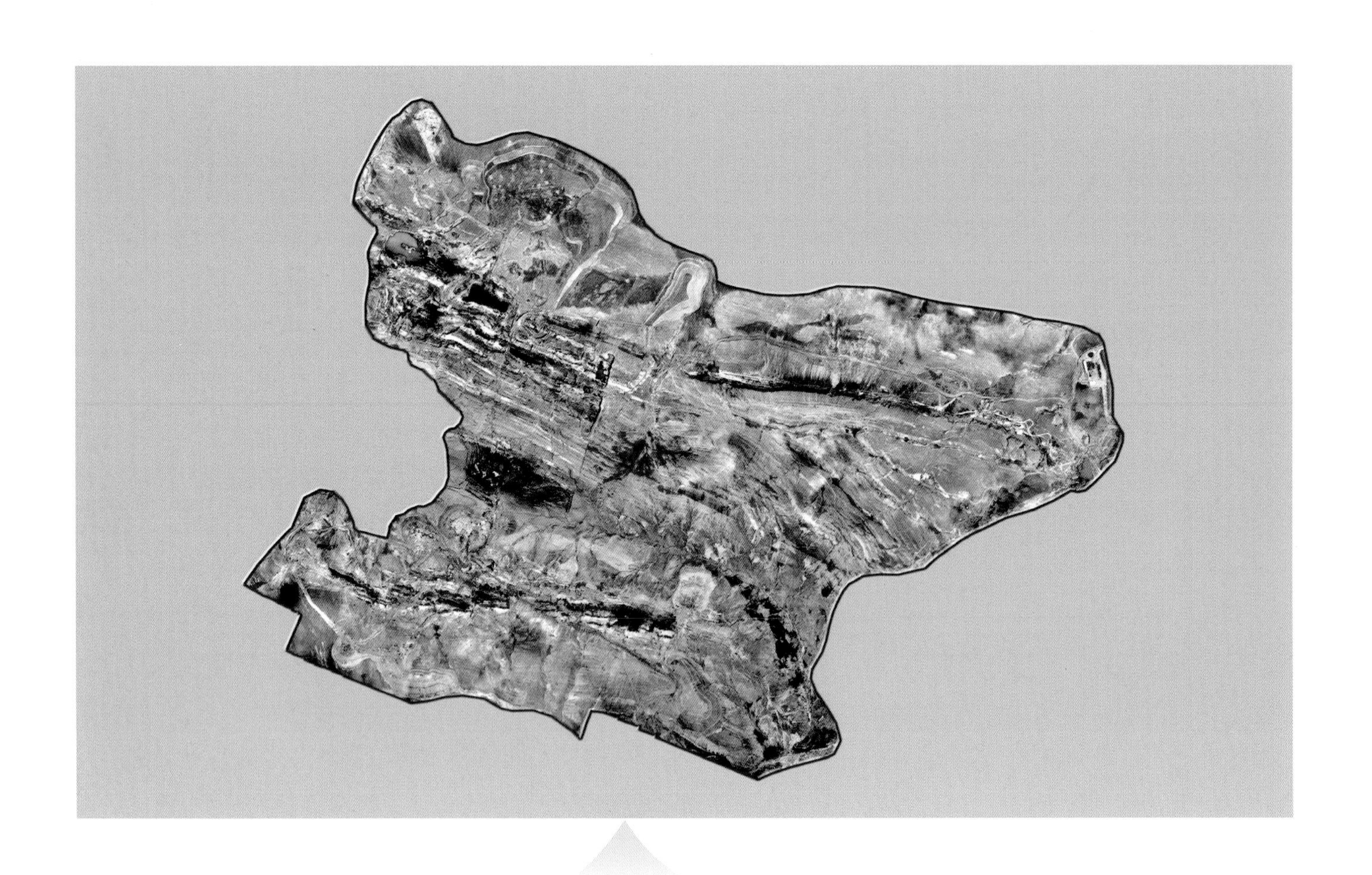

2020.09.23

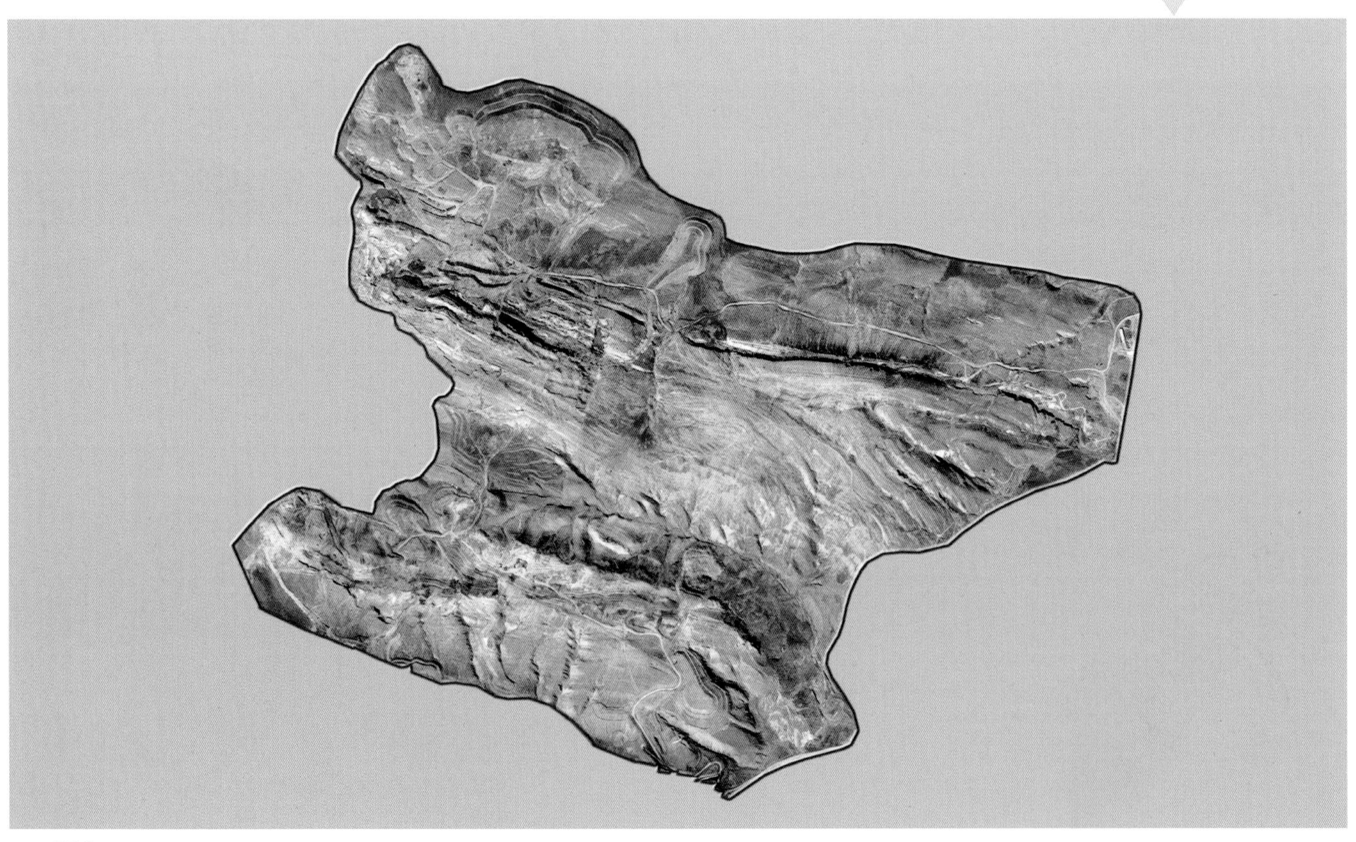

2020.10.17

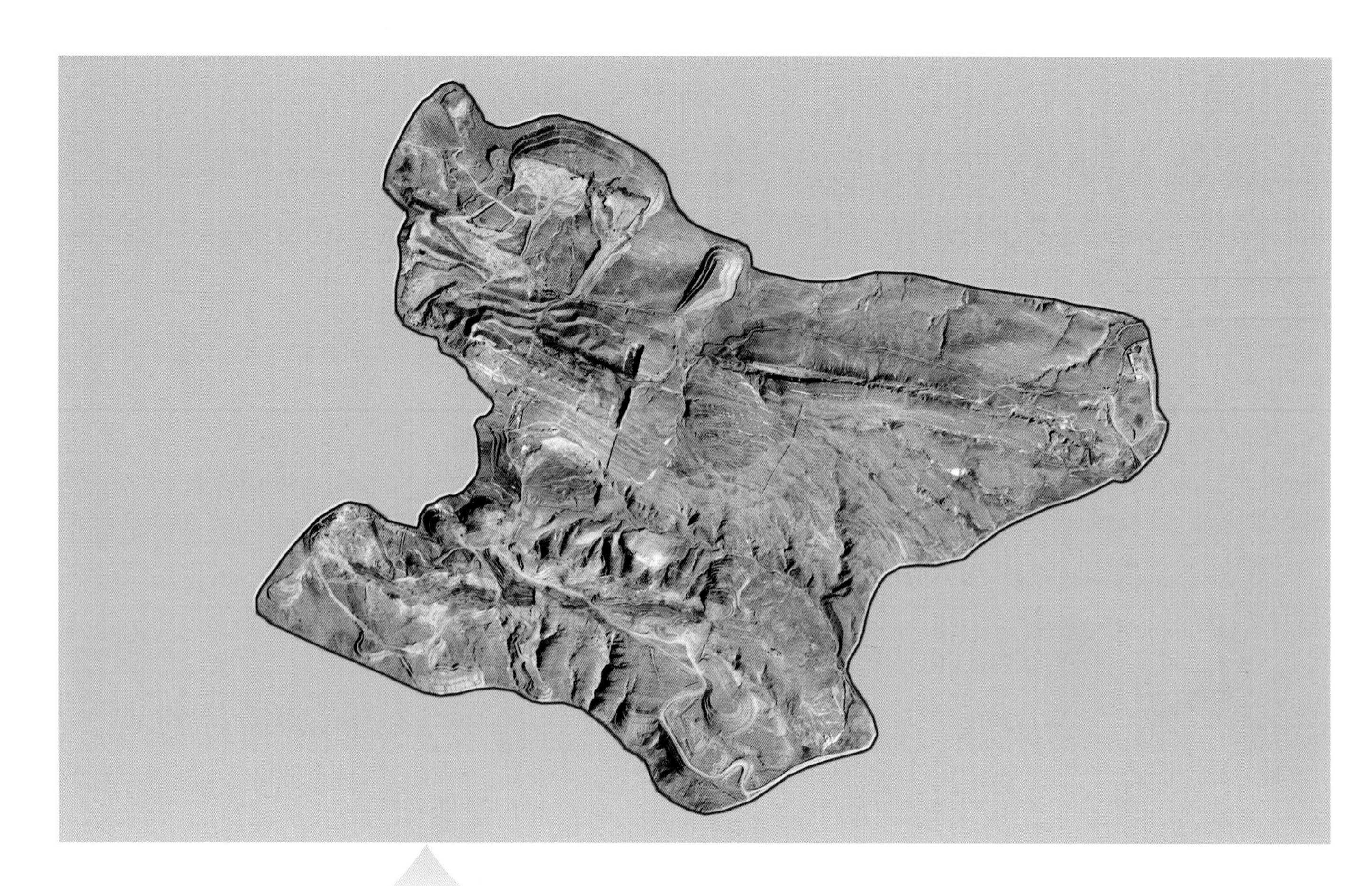

2020.11.17

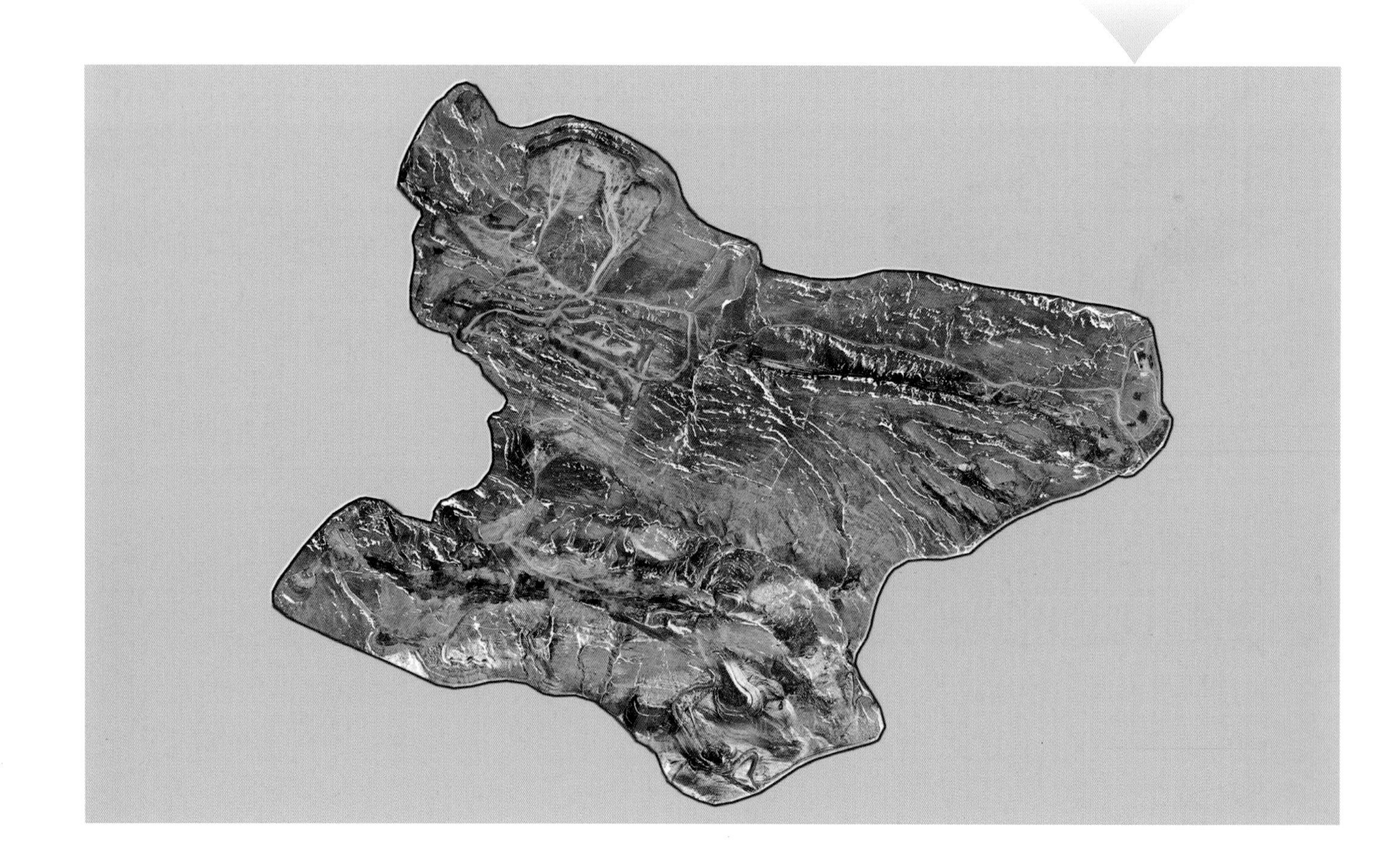